高等学校网络教育规划教材

经济数学基础课程练习册(上)

陆　全　孙　浩　吕全义　郑红婵　郭千桥　编

班级	
学号	
姓名	

西北工业大学出版社

图书在版编目(CIP)数据

经济数学基础课程练习册:全 2 册/陆全等编. —西安:西北工业大学出版社,2013.3(2015.6 重印)

ISBN 978 - 7 - 5612 - 3616 - 1

Ⅰ.①经… Ⅱ.①陆… Ⅲ.①经济数学—高等学校—教学参考资料 Ⅳ.①F224.0

中国版本图书馆 CIP 数据核字(2013)第 038393 号

出版发行:西北工业大学出版社

通信地址:西安市友谊西路 127 号 邮编 710072

电　　话:(029)88493844　88491757

网　　址:www. nwpup. com

印 刷 者:陕西向阳印务有限公司

开　　本:727 mm×960 mm　1/16

印　　张:13.5

字　　数:222 千字

版　　次:2013 年 3 月第 1 版　2015 年 6 月第 3 次印刷

定　　价:28.00 元(套)

前　言

"经济数学基础"是高等学校经管类专业学生重要的数学基础课程,学生通过本门课程的学习,在获得数学知识的同时,对提高抽象思维、逻辑推理、运算技能和综合应用等方面的能力都有益处。《经济数学基础课程练习册》对学生掌握本门课程的基本概念、理论与方法,提高综合分析问题能力,巩固所学知识都有重要的作用。

这套《经济数学基础课程练习册》集编者多年的教学经验编写而成,与高等学校网络教育规划教材《经济数学基础》(上、下)(陆全等编,西北工业大学出版社)配套使用,依教学内容顺序按章编排,共 14 章。每章由 4 部分组成:

(1)**本章教学基本要求**——是学生学习本章内容应达到的合格要求。

(2)**本章重点难点及考点**——是学生学习本章时应关注的内容。

(3)**综合练习**——是在平时作业的基础上给出的基本题,用于该章学完或期末总复习时使用,有助于提高阶段性学习效果。

(4)**自测试题**——按章配有多种题型的自测套题,用于学生做阶段性自我测试。

本书上、下册均附有两套模拟试题,用于学期考前训练。

参加本书编写的有陆全、孙浩、吕全义、郑红婵、郭千桥。

由于时间和篇幅所限,书中疏漏和不妥之处恳请同行和读者指正。

编　者

2013 年 1 月

目　　录

目 录

第一章 函 数

本章教学基本要求：加深对函数概念的理解和对函数基本性态(奇偶性、周期性、单调性、有界性)的了解。理解复合函数的概念，了解反函数的概念，了解初等函数的概念。了解常见的经济函数，会建立简单的经济问题的函数关系。

本章重点、难点及考点：复合函数、初等函数，常见的经济函数，函数的基本性态。

综 合 练 习

1. 求下列函数的定义域：

(1) $y = e^{\frac{1}{x-2}}$

(2) $y = \sqrt{4-x^2}$

(3) $y = \dfrac{1}{x} + \ln(x+1)$

(4) $y = \begin{cases} \cos x, & -2 \leqslant x < 0 \\ 1, & x=0 \\ \dfrac{1}{x^2-1}, & 0 < x \leqslant 2 \end{cases}$

2. 求下列函数的定义域并作图：

$(1) y = | x - 1 |$
$(2) y = \begin{cases} x^2 - 1, & -1 < x < 0, \\ 0, & x = 0, \\ x^2 + 1, & 0 < x \leqslant 1 \end{cases}$

3. 设 $f(x) = \begin{cases} \sqrt{1 - x^2}, & |x| \leqslant 1, \\ \sin x, & |x| > 1 \end{cases}$，求 $f(1), f(-\frac{1}{2}), f(\frac{\pi}{2}), f(-\frac{3}{2}\pi)$

4. 试判断下列函数对中函数 $f(x)$ 和 $g(x)$ 是否相同，并说明理由。

$(1) f(x) = 4\ln x, g(x) = \ln x^4$
$(2) f(x) = \cos x, g(x) = \sqrt{1 - \sin^2 x}$

$(3) f(x) = x + 1, g(x) = \dfrac{x^2 - 1}{x - 1}$

5. (1) 设 $f(x) = ax + b$，求 $\Delta y = f(x + h) - f(x)$

(2) 设 $f(x) = \dfrac{1}{x}$，求 $\Delta y = f(x + h) - f(x)$

6. 判断下列函数的奇偶性：

(1) $y = \dfrac{e^x - e^{-x}}{2}$ 　　　　　　　(2) $y = x^2 - x^3$

(3) $y = \ln(x + \sqrt{1 + x^2})$ 　　　　(4) $y = x\ln\dfrac{1+x}{1-x}$

7. 指出下列函数是由哪些函数复合而成的：

(1) $y = \sqrt{\cos x}$ 　　　　　　　　(2) $y = e^{\sqrt{1+x^2}}$

(3) $y = \dfrac{1}{\ln(1 + e^x)}$

8. 设 $f\left(x + \dfrac{1}{x}\right) = x^2 + \dfrac{1}{x^2} + 3$，求 $f(x)$。

9. 设 $f(x) = x\sqrt{1 - x^2}$，求 $f(\cos x)$。

10. 求下列函数的反函数及反函数的定义域：

(1) $y = \sqrt[3]{x+1}$ (2) $y = \lg(x+2) + 1$

11. 一无盖的长方体木箱，容积为 1 m^3，高为 2 m，设底面一边的长为 $x \text{ m}$，试将木箱的表面积表示为 x 的函数。

12. 某种产品每台售价 500 元时，每月可销售 1 500 台，每台售价降为 450 元时，每月可增销 250 台，试求该产品的线性需求函数。

13. 设某厂生产某种产品 1 000 吨，定价为 130 元／吨，当一次售出 700 吨以内时，按原价出售；若一次成交超过 700 吨时，超过 700 吨的部分按原价的 9 折出售，试将总收入表示成销售量的函数。

自 测 试 题

一、判断题(对的打 √ ,错的打 ×):

1. 函数 $y=\ln(3-x)+\sqrt{x+1}$ 的定义域为 $D=(-1,3)$; (　　)

2. $f(x)=x$ 与 $g(x)=(\sqrt{x})^2$ 是相同的函数; (　　)

3. $y=\dfrac{a^x+1}{a^x-1}$ 是奇函数; (　　)

4. 设 $f(x)=x^3-3x,\varphi(x)=\sin2x$,则复合函数

$f[\varphi(x)]=\sin(2x)^3-3\sin2x$ (　　)

$\varphi[f(x)]=\sin(2x^3-6x)$ (　　)

二、单项选择题:

1. 函数 $y=x\sin x$ 是(　　)

　　A. 有界函数　　　　B. 单调函数　　　C. 偶函数　　　　D. 周期函数

2. 若奇函数 $f(x)$ 在 $[2,5]$ 上是增函数,且最小值为 3,则 $f(x)$ 在 $[-5,-2]$ 上是(　　)

　　A. 增函数且最小值为 -3　　　　B. 增函数且最大值为 -3

　　C. 减函数且最小值为 -3　　　　D. 减函数且最大值为 -3

3. 以下命题错误的是(　　)

　　A. 增函数的反函数是增函数　　　　B. 减函数的反函数是减函数

　　C. 奇函数的反函数是奇函数　　　　D. 偶函数的反函数是偶函数

4. 若函数 $f(x)=\dfrac{\ln x}{4x-3}$ 在其定义域内 $f[f(x)]=x$,则 x 的值是(　　)

　　A. 3　　　　　　B. $\dfrac{1}{3}$　　　　　C. $-\dfrac{1}{3}$　　　　D. -3

三、填空题:

1. 设 $f(x)=\sqrt{4+x^2}$,则函数值 $f(0),f(2),f(\dfrac{1}{a}),f(x-1),f(t_0+h)$ 分别为_____;

2. 已知 $f(\dfrac{1}{x})=x+\sqrt{1+x^2}$,则 $f(x)=$_____;

3. 函数 $y = 2\sin 3x$ 的反函数为_____;

4. 函数 $f_1(x) = x^2 \sin x$，$f_2(x) = (x^2 + x)\cos x$，$f_3(x) = \dfrac{a^x - a^{-x}}{x}$ 中为偶

函数的是_____。

四、设 $g(x-1) = 2x^2 - 3x - 1$，

1. 试确定系数 a, b, c 的值，使得

$g(x-1) = a(x-1)^2 + b(x-1) + c$

2. 求 $g(x+1)$ 的表达式。

五、旅客携带行李旅行时，可以免费携带行李的重量不得超过 20 kg。若超过 20 kg，每超过 1 kg 收运费 3 元，试将运费 P 表示成行李重量 W 的函数。

六、已知某产品的总成本函数为 $C(Q) = 200 + 5Q + \frac{1}{2}Q^2$，其中 Q 为产品产量。求(1)固定成本;(2)产量 $Q = 20$ 时的总成本;(3)平均成本;(4)$Q = 20$ 时的平均成本。

七、已知某产品价格为 P，需求函数 $Q = 50 - 5P$，成本函数 $C = 50 + 2Q$，问产量 Q 为多少时，利润 L 最大? 最大利润是多少?

第二章 极限与连续

本章教学基本要求：了解数列极限和函数极限的描述性定义及性质。了解无穷小量、无穷大量有关概念及性质；了解无穷小的比较法，会用等价无穷小替代求极限。掌握极限的四则运算法则，掌握两个重要极限 $\lim\limits_{x \to 0} \dfrac{\sin x}{x} = 1$ 与

$\lim\limits_{x \to \infty} \left(1 + \dfrac{1}{x}\right)^x = e$，并会用它们求一些相关的极限。理解函数的连续性概念，了解函数间断点的概念，会判断间断点的类型。了解初等函数的连续性，了解闭区间上连续函数的性质（最大值、最小值定理、零值定理和介值定理）。

本章重点、难点及考点：极限运算法则，两个重要极限，无穷小比较，函数的连续性。

综 合 练 习

1. 求下列极限：

(1) $\lim\limits_{x \to \infty} \dfrac{2x^4 - x + 1}{4x^4 + 3x^2 - 1}$

(2) $\lim\limits_{n \to \infty} \dfrac{2^n + 2}{4^n + 1}$

(3) $\lim\limits_{x \to 1} \dfrac{x^2 + x - 2}{x^2 + 2x - 3}$

(4) $\lim\limits_{x \to 1} \left(\dfrac{1}{x - 1} - \dfrac{2}{x^2 - 1}\right)$

(5) $\lim\limits_{x \to 0} \dfrac{\sqrt{1+x}-1}{x}$

(6) $\lim\limits_{x \to 0^+} \dfrac{e^{\frac{1}{x}}-1}{e^{\frac{1}{x}}+1}$

2. 求下列极限：

(1) $\lim\limits_{x \to 0} \dfrac{\sin 2x}{\tan 5x}$

(2) $\lim\limits_{x \to \infty} x \sin \dfrac{2}{x}$

(3) $\lim\limits_{x \to 0} \dfrac{\sin 2x}{\sqrt{1+3x}-1}$

(4) $\lim\limits_{x \to 0} \dfrac{x-\sin x}{x+\sin x}$

(5) $\lim\limits_{x \to 0} (1+2x)^{\frac{1}{x}}$

(6) $\lim\limits_{x \to \infty} \left(1-\dfrac{1}{x}\right)^{x+2}$

(7) $\lim\limits_{x \to \infty} \left(\dfrac{x+1}{x-2}\right)^{x}$

(8) $\lim\limits_{n \to \infty} n[\ln(n+2)-\ln n]$

(9) $\lim\limits_{x \to 0} x \sin \dfrac{1}{x}$

(10) $\lim\limits_{x \to \infty} \dfrac{\sin 2x}{x}$

3. 当 $x \to 0$ 时,下列各函数都是无穷小量,试确定哪些是 x 的高阶无穷小? 同阶无穷小? 等价无穷小?

(1) $x^2 + x$

(2) $x + \sin x$

(3) $x - \sin x$

(4) $\tan 3x$

4. 利用等价无穷小的性质,求下列极限:

(1) $\lim\limits_{x \to 0} \dfrac{\sin x^5}{(\sin x)^n}$ (n 为正整数)

(2) $\lim\limits_{x \to 0} \dfrac{\sin 3x + x^2}{\tan 2x}$

(3) $\lim\limits_{x \to 0} \dfrac{\ln(1 - 2x^2)}{(e^x - 1)\sin x}$

5. 指出下列函数的间断点及其间断点的类型:

(1) $f(x) = \operatorname{sgn} x$

(2) $f(x) = \dfrac{x^2 - 2x}{x}$

(3) $f(x) = \tan x$　　　　　　　(4) $f(x) = \begin{cases} 1, x \neq 0 \\ 2, x = 0 \end{cases}$

6. 确定参数 a，使 $f(x) = \begin{cases} x+a, & x < 0 \\ e^x, & x \geqslant 0 \end{cases}$ 在 $x = 0$ 处连续。

7. 求函数 $f(x) = \dfrac{x-1}{x^2-1}$ 的连续区间和极限 $\lim\limits_{x \to 1} f(x), \lim\limits_{x \to -1} f(x), \lim\limits_{x \to 0} f(x)$，并指出函数 $f(x)$ 的间断点及类型。

8. 证明方程 $x^5 - 3x = 1$ 在区间 $(1,2)$ 内至少有一个根。

自测试题

一、判断题(对的打 √,错的打 ×)

1. 极限 $\lim\limits_{x \to x_0} f(x)$ 存在与否与函数 $f(x)$ 在 $x = x_0$ 处有无定义有关。

( )

2. 无穷小量是绝对值非常小的常数;　　　　　　　　　　　( )

3. 函数 $\sin x$ 是无穷小量;　　　　　　　　　　　　　( )

4. 函数 $f(x)$ 在点 x_0 处连续与 $f(x)$ 在点 x_0 处的函数值 $f(x_0)$ 有关。

( )

二、单项选择题:

1. 若 $\lim\limits_{x \to x_0^-} f(x) = A$,$\lim\limits_{x \to x_0^+} f(x) = A$,则下列说法中正确的是( )

　A. $f(x_0) = A$　　　　　　　B. $\lim\limits_{x \to x_0} f(x) = A$

　C. $f(x)$ 在点 x_0 有定义　　　D. $f(x)$ 在点 x_0 处连续

2. 下列等式错误的是( )

　A. $\lim\limits_{x \to \infty} e^{\frac{1}{x}} = 1$　　　　　B. $\lim\limits_{x \to 0^-} e^{\frac{1}{x}} = 0$

　C. $\lim\limits_{x \to 0^+} e^{\frac{1}{x}} = +\infty$　　　D. $\lim\limits_{x \to 0} e^{\frac{1}{x}} = \infty$

3. 下列等式中错误的是( )

　A. $\lim\limits_{x \to 0} \dfrac{\sin x}{x} = 1$　　　　B. $\lim\limits_{x \to \infty} \dfrac{\sin x}{x} = 0$

　C. $\lim\limits_{x \to \infty} \dfrac{\sin x}{x} = 1$　　　　D. $\lim\limits_{x \to \infty} x \sin \dfrac{1}{x} = 1$

4. 设 $f(x) = \dfrac{\tan x}{|x|}$,则 $x = 0$ 是 $f(x)$ 的( )

　A. 可去间断点　　　　　　　B. 跳跃间断点

　C. 第二类间断点　　　　　　D. 连续点

三、填空题:

1. $\lim\limits_{x \to \infty} \dfrac{x + \sin x}{x} = $ _____。

2. 极限 $\lim\limits_{x \to 0} \dfrac{x^2 \sin \dfrac{1}{x}}{\sin x}$ 的值为＿＿＿＿＿＿＿＿＿＿＿＿＿＿＿＿＿。

3. 函数 $y = \dfrac{1}{x}$ 当＿＿＿＿时是无穷小量，当＿＿＿＿时是无穷大量。

4. 若极限 $\lim\limits_{x \to 2} \dfrac{x^2 - x + k}{x - 2} = 3$，则 $k =$ ＿＿＿＿＿。

5. $x = 0$ 是函数 $y = \dfrac{\tan x}{x}$ 的＿＿＿＿间断点，是第＿＿＿＿类间断点。

6. 函数 $f(x) = \dfrac{1}{x^2 - 1}$ 的连续范围为＿＿＿＿＿＿＿＿＿＿＿＿＿。

四、求下列极限：

1. $\lim\limits_{n \to \infty} \dfrac{3n^3 - 2n + 1}{(2 - n)^3}$

2. $\lim\limits_{x \to 2} \dfrac{\sqrt{2 + x} - 2}{x - 2}$

3. $\lim\limits_{x \to \infty} \left(\dfrac{x - 2}{x + 1} \right)^x$

4. $\lim\limits_{x \to \infty} \dfrac{2\cos 3x}{x}$

五、确定常数 a,b，使函数 $f(x)=\begin{cases}\dfrac{e^{2x}-1}{x}+b, & x<0, \\ 1, & x=0, \\ \dfrac{\sin ax}{x}, & x>0\end{cases}$ 在 $x=0$ 处连续。

六、求函数 $f(x)=\dfrac{e^x-1}{x(x-1)}$ 的可去间断点 x_0，并且补充定义 $f(x_0)$，使 $f(x)$ 在点 x_0 处连续。

第三章　　导数与微分

本章教学基本要求：理解导数的概念以及几何意义，了解其经济意义（含边际与弹性的概念），了解函数的可导性与连续性之间的关系。掌握基本初等函数的求导公式，掌握导数的四则运算法则和复合函数求导法则，了解反函数的求导法则，会求隐函数的导数。了解高阶导数的概念，会求初等函数的一阶、二阶导数，了解几个常见函数（e^x，$\sin x$，$\cos x$，$(1+x)^{-1}$）的 n 阶导数的一般表示式。了解微分的概念，会求函数的微分。

本章重点、难点及考点：导数的概念和几何意义，复合函数及隐函数的求导法，常见函数的高阶导数，微分的计算。

综 合 练 习

1. 设函数 $f(x)$ 在 $x=0$ 处可导，且 $f(0)=0$，求（1）$I_1=\lim\limits_{x\to 0}\dfrac{f(x)}{x}$；

（2）$I_2=\lim\limits_{x\to 0}\dfrac{f(tx)}{x}(t\neq 0)$。

2. 求曲线 $y=\sin x$ 在点 $(\pi,0)$ 的切线方程。

3. 求下列函数的导数：

(1) $y = \sqrt[3]{x} + a^x$

(2) $y = 2\arcsin x + \sqrt{2}$

(3) $y = e^x(x^2 - x + 1)$

(4) $y = \varphi \sin\varphi + \dfrac{1}{2}\cos\varphi$

(5) $y = \dfrac{\tan x}{x}$

(6) $y = \dfrac{\ln x}{x} + \sec x$

4. 求下列函数的导数：

(1) $y = \sqrt{x^2 - x}$

(2) $y = e^{x^2}$

(3) $y = \cos\sqrt{x}$

(4) $y = \ln \sin x$

5. 求下列函数的导数：

$(1)\, y = \sin^2 x \cdot \sin x^2$

$(2)\, y = \dfrac{e^{\frac{1}{x}}}{x}$

$(3)\, y = \ln \cos \dfrac{1}{x}$

$(4)\, y = \left(\arcsin \dfrac{x}{3} \right)^2$

6.(1) 设 $e^x - e^y - xy = 0$，求 y'；

(2) 求曲线 $x^2 + xy + y^2 = 4$ 在点 $(2,-2)$ 处切线方程。

7. 求下列函数的二阶导数：

$(1)\, y = x \sin x$

$(2)\, y = \dfrac{1}{1 + x^2}$

8.(1) 求函数 $y = x^k$(k 为正整数)的 n 阶导数;

(2) 求函数 $y = a^x$ 的 n 阶导数。

9. 将适当的函数填入下列括号内,使等式成立:

(1) d(   ) = $2x \mathrm{d}x$

(2) d(   ) = $\cos 2x \mathrm{d}x$

(3) d(   ) = $\dfrac{1}{1+x} \mathrm{d}x$

(4) d(   ) = $\mathrm{e}^{-x} \mathrm{d}x$

10. 求函数 $y = \ln^2 x$ 的微分

11. 设生产某种产品 Q 个单位的成本函数为
$$C(Q) = 500 + 10Q + 0.1Q^2 \text{(单位:元)}$$
求产量 $Q = 10$ 时的总成本、平均成本和边际成本。

自 测 试 题

一、判断题（对的打 √，错的打 ×）：

1. 设函数 $f(x)$ 在 $x=a$ 处可导，则

$$\lim_{\Delta x \to 0} \frac{f(a - \Delta x) - f(a)}{\Delta x} = f'(a) \qquad (\quad)$$

2. 设极限 $\lim\limits_{x \to x_0} \dfrac{f(x) - f(x_0)}{x - x_0} = A$ 存在，则函数 $f(x)$ 在 $x = x_0$ 处必连续；

$$(\quad)$$

3. 设函数 $f(x)$ 在 $x=a$ 处可导，则它在该点处可能不可微；　（　　）

4. 设函数 $f(x)$ 是可导的偶函数，则 $f'(0) = 0$。　（　　）

二、单项选择题：

1. 函数 $f(x)$ 在点 x_0 处连续是在该点可导的（　　）

　A. 充分必要条件　　　　　　　B. 充分但非必要条件

　C. 必要但非充分条件　　　　　D. 无关条件

2. 若函数 $y = f(x)$ 在点 x_0 处的导数 $f'(x_0) = 0$，则曲线 $y = f(x)$ 在点 $(x_0, f(x_0))$ 处的切线（　　）

　A. 与 x 轴平行　　　　　　　B. 与 x 轴垂直

　C. 与 x 轴不平行也不垂直　　D. 不存在

3. 曲线 $y = x^4 - 4x \ (x \geqslant 0)$ 上切线平行于 x 轴的点为（　　）

　A. $(0, 0)$　　　B. $(-1, 5)$　　　C. $(1, 3)$　　　D. $(1, -3)$

4. 曲线在 $y = |x - 1|$ 在 $x = 1$ 处（　　）

　A. 不连续　　　　B. 连续　　　　C. 可导　　　　D. 可微

三、填空题：

1. 设极限 $\lim\limits_{h \to 0} \dfrac{f(a + 3h) - f(a)}{h} = 1$，则 $f'(a) = $ _____；

2. 函数 $y = f(x)$ 在点 x_0 处的导数值 $f'(x_0)$ 的几何意义为：曲线 $y = f(x)$ 在点 $(x_0, f(x_0))$ 处 _____；

3. 曲线 $y = \ln x$ 在 $x = e$ 处切线方程为 _____；

4. 设 $y = x^{10}$，则 $y^{(9)} =$ _____，$y^{(10)} =$ _____，$y^{(11)} =$ _____。

四、求下列函数的导数：

1. $y = \cos x^2$;

2. $y = \ln(1 + \sqrt{x})$;

3. 设 $y = f(x)$ 由方程 $y^5 + 2y - x^2 = 0$ 确定。

五、1. 设 $y = x^2 \ln x$，求 y'' ;

2. 设 $y = \sin x - e^x$，求 $y'(0), y''(0), y'''(0)$。

六、1. 设 $y = x^a + a^x$，求 dy；

2. 设 $y = x^2 e^x$，求 $dy, dy\big|_{x=1}$。

七、生产某产品的固定成本为 $a(a > 0)$ 万元，每生产一吨产品，总成本增加 $b(b > 0)$ 万元，试写出总成本函数，并求边际成本函数。

第四章 导数的应用

本章教学基本要求：了解罗尔、拉格朗日及柯西中值定理，会用洛必达法则求极限。了解函数极值的概念，掌握利用导数判断函数单调性和求极值的方法，会用导数判断函数图形的凹凸性，会求拐点。会求解一些最大值与最小值的应用问题，包括经济管理问题中的应用问题。

本章重点、难点及考点：洛必达法则，函数的单调性与极值，曲线的凹凸性与拐点，最值应用问题。

综 合 练 习

1. 下列函数在给定区间上是否满足罗尔定理条件？若满足，求出定理中的 ξ 值。

(1) $f(x)=\begin{cases}x,0\leqslant x<1\\0,x=1\end{cases}$ 　　　　(2) $f(x)=|x|,[-1,1]$

(3) $f(x)=\ln \sin x,\left[\dfrac{\pi}{6},\dfrac{5\pi}{6}\right]$

2. 求下列极限：

(1) $\lim\limits_{x \to \frac{\pi}{2}} \dfrac{\cos x}{x - \dfrac{\pi}{2}}$

(2) $\lim\limits_{x \to 1} \dfrac{\ln x}{(x-1)^2}$

(3) $\lim\limits_{x \to +\infty} \dfrac{\ln(2x+1)}{2^x}$

(4) $\lim\limits_{x \to 0} \dfrac{e^x - e^{-x}}{\sin x}$

(5) $\lim\limits_{x \to +\infty} \dfrac{x^2}{e^x}$

(6) $\lim\limits_{x \to 0} \dfrac{x - \sin x}{x^3}$

(7) $\lim\limits_{x \to \frac{\pi}{2}} (\sec x - \tan x)$

(8) $\lim\limits_{x \to 0^+} x^n \ln x$

(9) $\lim\limits_{x \to 0} \left(\dfrac{1}{x} - \dfrac{1}{e^x - 1} \right)$

(10) $\lim\limits_{x \to 0} \left(\dfrac{2}{x^2 - 1} - \dfrac{1}{x - 1} \right)$

3. 求极限 $I = \lim\limits_{x \to \infty} \dfrac{x - \cos x}{x + \sin x}$

4. 讨论函数的单调区间

(1) $y = e^x - x + 1$

(2) $y = \ln |x|$

5. 求函数的单调区间和极值：

(1) $f(x) = x^3 - 3x^2$

(2) $f(x) = x - \ln(1 + x)$

(3) $f(x) = 1 + 3(x - 1)^{\frac{2}{3}}$

6. 求下列曲线的凹凸区间与拐点：

(1) $y = x^3 - 3x^2 + 6$

(2) $y = xe^{-x}$

(3) $y = x^4 + 2x^3$

7. 求函数在指定闭区间上的最大值，最小值：

(1) $y = 2x^3 - 3x^2 - 12x$, $[-2, 3]$　　　(2) $y = \dfrac{x}{1+x^2}$, $[-2, 2]$

8. 某农场欲围一个面积为 6 m² 的矩形场地，正面所用材料每米造价为 10 元，其余三面每米造价 5 元，求场地长、宽各为多少时，所用材料费最少？

9. 设成本函数 $C(Q) = 54 + 18Q + 6Q^2$，其中 Q 为产品产量，试求平均成本最小时的产量水平。

自 测 试 题

一、判断题(对的打 √ ,错的打 ✗):

1. 函数 $y=e^{x^2}$ 在区间 $[-1,1]$ 上满足罗尔定理条件; ( )

2. 可导函数 $f(x)$ 在 (a,b) 为单调增加,则必有 $f'(x)>0,x\in(a,b)$;

( )

3. 函数 $y=f(x)$ 在 $x=x_0$ 处取得极大值,则必有 $f'(x_0)=0$; ( )

4. 函数 $y=\ln x$ 在闭区间 $[1,e]$ 上的最大值为 e,最小值为 0。 ( )

二、单项选择题:

1. 函数 $f(x)=3^x-2^x$ 当 $x\to0$ 时( )

    A. 是 x 的等价无穷小   B. 是 x 的同阶但非等价无穷小

    C. 是 x 的高阶无穷小   D. 是 x 的低阶无穷小

2. 设函数 $f(x)$ 在 $[a,b]$ 上可导,且 $f'(x)<0,f(a)<0$,则在 (a,b) 内 $f(x)$( )

    A. <0 B. $=0$ C. >0 D. 可正可负

3. 设函数 $f(x)$ 在区间 (a,b) 内 $f'(x)<0,f''(x)>0$,则曲线 $y=f(x)$ 在 (a,b) 内为( )

    A. 单调增加的凸曲线   B. 单调减少的凸曲线

    C. 单调增加的凹曲线   D. 单调减少的凹曲线

4. 函数 $f(x)=e^x+e^{-x}$ 在区间 $[-1,1]$ 上最小值点为( )

    A. -1 B. $-\dfrac{1}{2}$ C. 0   D. 1

三、填空题:

1. 极限 $\lim\limits_{x\to0}\dfrac{e^{ax}-\cos x}{x}=2$,则 $a=$ _____;

2. 函数 $y=e^x-x$ 的单调增加区间为_____;

3. 函数 $y=x^3-3x$ 的极小值点为_____;

4. 曲线 $y=x^3-3x^2$ 的凹区间为_____;

5. 曲线 $y=x^3+3x^2-2$ 的拐点为_____;

6. 函数 $y = x\mathrm{e}^x$，$x \in [-1,1]$ 的最大值在 $x = \underline{\qquad}$ 处取得，最大值为
$\underline{\qquad}$。

四、求下列极限：

（1）$\lim\limits_{x \to +\infty} \dfrac{\ln(1 + 3\mathrm{e}^x)}{2x}$

（2）$\lim\limits_{x \to 0} \dfrac{1 - \cos x}{\sin^2 x + x^2}$

（3）$\lim\limits_{x \to 1}\left(\dfrac{1}{\ln x} - \dfrac{x}{\ln x}\right)$

（4）$\lim\limits_{x \to \infty} \dfrac{2x^2 + 1}{x^3 + 2x - 1}\cos x$

五、求函数 $y = \mathrm{e}^x + \mathrm{e}^{-x}$ 的单调区间和极值，并求曲线 $y = \mathrm{e}^x + \mathrm{e}^{-x}$ 的凹凸
区间和拐点。

六、工厂生产某种产品，其总成本函数为

$$C(Q) = \frac{1}{3}Q^3 - 7Q^2 + 111Q + 50$$

其中 Q 为产品产量。总需求函数为 $Q = 100 - P$，其中 P 为产品价格，求利润最大时的产量和利润。

第 五 章　　不 定 积 分

本章教学基本要求：理解原函数与不定积分的概念；了解微分方程的基本概念；掌握不定积分的性质；了解原函数存在定理；掌握不定积分基本公式及基本积分法；掌握不定积分的换元积分法和分部积分法；了解有理函数的积分；掌握可分离变量的微分方程和一阶线性微分方程的解法。

本章重点、难点及考点：不定积分的概念；不定积分的换元积分法和分部积分法；可分离变量及一阶线性微分方程类型的判断及其通解的求法。

综 合 练 习

1. 填空题：

(1) 设 $f(x)$ 连续，则其原函数的导数是_____；

(2) 设 $f(x)$ 可导，则 $\int f'(x)\mathrm{d}x =$ _____；

(3) 不定积分 $\int \mathrm{d}(x\mathrm{e}^{x^2}) =$ _____；

(4) 设 $f(x)$ 的一个原函数是 $\sin 3x$，则 $f'(x) =$ _____；

(5) 一阶微分方程的通解含_____个任意常数。

2. 求下列不定积分：

(1) $\displaystyle\int \frac{(1+x)^2}{x(1+x^2)}\mathrm{d}x$

(2) $\displaystyle\int (3^x\mathrm{e}^x + \sin^2 \frac{x}{2})\mathrm{d}x$

$(3) \displaystyle\int \frac{1}{x^2(x^2+2)}\mathrm{d}x$ $\qquad$ $(4) \displaystyle\int \frac{\cos 2x}{\cos x + \sin x}\mathrm{d}x$

3. 求下列不定积分：

$(1) \displaystyle\int x^2 \mathrm{e}^{-x^3}\mathrm{d}x$ $\qquad$ $(2) \displaystyle\int \frac{x\mathrm{d}x}{1+x^4}$

$(3) \displaystyle\int \cos^2 2x\,\mathrm{d}x$ $\qquad$ $(4) \displaystyle\int \frac{x+2}{x^2+1}\mathrm{d}x$

4. 求下列不定积分：

$(1) \displaystyle\int \frac{x+1}{\sqrt[3]{3x+1}}\mathrm{d}x$ $\qquad$ $(2) \displaystyle\int \frac{\sqrt{1-x^2}}{x^4}\mathrm{d}x$

$(3) \displaystyle\int \frac{\mathrm{d}x}{\sqrt{x^2-2x-3}}$ $\qquad$ $(4) \displaystyle\int \frac{x+1}{\sqrt{x^2-2x-3}}\mathrm{d}x$

5. 求下列不定积分：

$(1) \displaystyle\int x^2 \sin x \, \mathrm{d}x$

$(2) \displaystyle\int \sec^3 x \, \mathrm{d}x$

$(3) \displaystyle\int \mathrm{e}^{2\sqrt{x}} \, \mathrm{d}x$

$(4) \displaystyle\int \sqrt{x} \ln\sqrt{x} \, \mathrm{d}x$

6. 求下列不定积分：

$(1) \displaystyle\int \dfrac{x+3}{x^2-5x+6} \mathrm{d}x$

$(2) \displaystyle\int \dfrac{\mathrm{d}x}{x(x^2+1)}$

$(3) \displaystyle\int \dfrac{x}{x^2-4x+9} \mathrm{d}x$

$(4) \displaystyle\int \dfrac{\mathrm{d}x}{x(x^6+4)}$

7. 设函数 $f(x)$ 的一个原函数为 $\dfrac{\sin x}{x}$，求 $\displaystyle\int xf'(x)\mathrm{d}x$。

8. 求下列微分方程的通解：

(1) $(1+\mathrm{e}^x)yy' = \mathrm{e}^x$

(2) $(x^2+1)(y^2-1)\mathrm{d}x + xy\mathrm{d}y = 0$

(3) $3y' - y - \mathrm{e}^x = 0$

(4) $xy' - 2y = \dfrac{1}{2}x^2$

9. 设某产品的销售量 $x(t)$ 是时间 t 的函数。已知该产品的销售量对时间的增长率 $\dfrac{\mathrm{d}x}{\mathrm{d}t}$ 与销售量及接近于饱和水平的程度 $N-x(t)$ 之积成正比 ($k>0$ 为比例常数，N 为饱和水平)，且 $x(0)=\dfrac{1}{4}N$。求销售量 $x(t)$ 的表达式。

自 测 试 题

一、判断题（对的打 √，错的打 ✗）：

1. 设 $F(x)+C$ 为 $f(x)$ 的原函数，则 $F(x)-C$ 也是 $f(x)$ 的原函数（其中 C 为常数）； （   ）

2. $\int e^{-x} \mathrm{d}x = e^{-x} + C$； （   ）

3. 微分方程 $y'' + (y')^4 = 1$ 是 4 阶微分方程； （   ）

4. 微分方程 $y'' + y = 0$ 的一个特解为 $y = \cos x$。 （   ）

二、单项选择题：

1. 下列等式中，正确的是（   ）

   A. $\mathrm{d}\int f(x)\mathrm{d}x = f(x) + C$; B. $\dfrac{\mathrm{d}}{\mathrm{d}x}\int f(x)\mathrm{d}x = f(x)\mathrm{d}x$

   C. $\dfrac{\mathrm{d}}{\mathrm{d}x}\int f(x)\mathrm{d}x = f(x) + C$ D. $\mathrm{d}\int f(x)\mathrm{d}x = f(x)\mathrm{d}x$

2. 下列函数中，是 $x\sin x^2$ 的原函数的是（   ）

   A. $-2\cos x^2$ B. $2\cos x^2$ C. $-\dfrac{1}{2}\cos x^2$ D. $\dfrac{1}{2}\cos x^2$

3. 若 $f(x)$ 满足 $\int f(x)\mathrm{d}x = \dfrac{1}{3}x^{\frac{3}{2}} + C$，则 $f'(x) = (\quad)$

   A. $\dfrac{1}{\sqrt{x}}$ B. $-\dfrac{1}{\sqrt{x}}$ C. $\dfrac{1}{4\sqrt{x}}$ D. $-\dfrac{1}{2\sqrt{x}}$

4. 若 $\int f(x)\mathrm{d}x = \dfrac{1}{2}x^2 + C$，则 $\int f(\arcsin x)\dfrac{\mathrm{d}x}{\sqrt{1-x^2}} = (\quad)$

   A. $\sin\sqrt{1+x^2} + C$ B. $\arcsin\sqrt{1-x^2} + C$

   C. $\dfrac{1}{2}(\arcsin x)^2 + C$ D. $x + C$

三、填空题：

1. 设 $f(x) = k\csc^2 2x$ 的一个原函数为 $2\cot 2x$，则 $k =$ _____；

2. 若 $\int f(\sin x)\mathrm{d}x = \cos x + C$，则 $f(x) =$ _____；

3. 若 $\int f(x)\mathrm{d}x = x^2 + C$,则 $\int x^2 f(x^3+1)\mathrm{d}x = $ _____;

4. 若 $f(x)$ 的二阶导数 $f''(x)$ 连续,则 $\int xf''(x)\mathrm{d}x = $ _____。

四、求下列不定积分:

1. $\displaystyle\int \frac{x + \arctan^2 x}{1 + x^2}\mathrm{d}x$
2. $\displaystyle\int x\sqrt{x-1}\,\mathrm{d}x$

3. $\displaystyle\int (x+2)\cos x\,\mathrm{d}x$
4. $\displaystyle\int \frac{x^2}{x-1}\mathrm{d}x$

5. $\displaystyle\int \frac{x\mathrm{e}^x}{\sqrt{\mathrm{e}^x - 1}}\mathrm{d}x$

五、求下列微分方程的通解或满足初始条件的特解：

1. $\dfrac{\mathrm{d}y}{\mathrm{d}x}=e^{2x+y}$，$y\Big|_{x=0}=0$

2. $y'-\dfrac{2}{x+1}y+(x+1)^{\frac{5}{2}}=0$

六、已知一条曲线经过点$(1,2)$，它在任一点处的切线在纵轴上的截距等于切点的横坐标，求它的方程。

第六章　　定积分及其应用

本章教学基本要求：理解定积分的概念及几何意义；了解定积分的性质；理解变上限积分函数及其导数定理；掌握牛顿-莱布尼茨公式；掌握定积分的换元积分及分部积分法；掌握元素法，会建立某些简单几何问题及经济管理问题的定积分表达式；了解广义积分的定义，会按定义计算一些简单的广义积分。

本章重点、难点及考点：定积分的概念及性质；变上限的定积分及其导数；牛顿-莱布尼茨公式；定积分换元法的运用；定积分的应用。

综 合 练 习

1. 填空题：

(1) 由定积分的几何意义知 $2\int_0^a \sqrt{a^2 - x^2}\, \mathrm{d}x =$ _____；

(2) 函数 $f(x) = \sqrt{1 - x^2}$ 在区间 $[-1, 1]$ 上的平均值为 _____；

(3) 比较定积分的大小，有 $\int_1^2 \ln x \mathrm{d}x$ _____ $\int_1^2 \ln^2 x \mathrm{d}x$；

(4) 设 $F(x) = \int_0^{x^3} \mathrm{e}^{t^2}\, \mathrm{d}t$，则 $F'(x) =$ _____。

2. 计算下列极限：

(1) $\lim\limits_{x \to 0} \dfrac{\int_0^{2x} \dfrac{\sin^2 t}{t}\mathrm{d}t}{4x^2}$

(2) $\lim\limits_{x \to \infty} \dfrac{\left(\int_0^x \mathrm{e}^{t^2}\, \mathrm{d}t\right)^2}{\int_0^x \mathrm{e}^{2t^2}\, \mathrm{d}t}$

3. 设 $F(x) = \displaystyle\int_0^{x^2} e^{t^2} \, dt + \int_x^1 e^{-t^2} \, dt$，求 $F'(1)$。

4. 求下列定积分：

(1) $\displaystyle\int_0^2 \frac{dx}{\sqrt{16 - x^2}}$

(2) $\displaystyle\int_{-1}^2 \mid x - 1 \mid \, dx$

(3) $\displaystyle\int_0^{\frac{\sqrt{2}}{2}} \frac{x + 2}{\sqrt{1 - x^2}} \, dx$

(4) $\displaystyle\int_{-\pi}^{\pi} \sqrt{1 - \cos 2x} \, dx$

5. 求下列定积分：

(1) $\displaystyle\int_0^1 \sqrt{1 - x^2} \, dx$

(2) $\displaystyle\int_{-\frac{\pi}{2}}^{\frac{\pi}{2}} (\cos^4 x \sin x + \cos 2x) \, dx$

$(3)\int_0^4 \dfrac{1}{1+\sqrt{x}}\mathrm{d}x$ $(4)\int_1^2 \dfrac{\sqrt{x^2-1}}{x^4}\mathrm{d}x$

6. 求下列定积分:

$(1)\int_0^1 x^2\mathrm{e}^x\mathrm{d}x$ $(2)\int_0^{\frac{\sqrt{2}}{2}} \arcsin x\mathrm{d}x$

$(3)\int_1^e \dfrac{\ln x}{x^2}\mathrm{d}x$ $(4)\int_{\frac{1}{2}}^1 \mathrm{e}^{-\sqrt{2x-1}}\mathrm{d}x$

7. 若函数 $f(x)$ 在$[0,1]$上连续,证明

$$\int_0^\pi xf(\sin x)\mathrm{d}x=\pi\int_0^{\frac{\pi}{2}} f(\cos x)\mathrm{d}x$$

8. 已知 xe^x 为 $f(x)$ 的一个原函数，求 $\int_0^1 xf'(x)\mathrm{d}x$。

9. 求下列各题中平面图形的面积：

(1) 在 $[0,2\pi]$ 上由正弦曲线 $y=\sin x$ 及 x 轴所围成的平面图形；

(2) 由曲线 $y=e^x,y=e^{-x}$ 及直线 $x=1$ 所围成的平面图形；

(3) 由曲线 $y=x^3$，直线 $y=1,y=8$ 及 y 轴所围成的平面图形

10. 求由双曲线 $xy=1$，直线 $y=x,x=2$ 及 x 轴所围成平面图形的面积，并求该平面图形绕 x 轴旋转一周所得立体的体积。

11. 设某产品的总产量 $Q(t)$ 的变化率为
$$Q'(t) = 100 + 10t - 0.9t^2 \text{(单位：T/h)}$$
求从 $t = 4$ 到 $t = 8$ 这段时间内的产量 Q。

12. 设生产某产品的单位(百台) 的边际成本函数和边际收益函数分别为
$$C'(x) = 4 + \frac{x}{4} \quad \text{(单位：万元／百台)}$$
$$R'(x) = 8 - x \quad \text{(单位：万元／百台)}$$
若固定成本为 1 万元，问产量为多少时，总利润最大？并求最大总利润。

13. 讨论下列广义积分的收敛性，若收敛，求其值。

(1) $\int_0^{+\infty} x e^{-x} dx$

(2) $\int_{-\infty}^{+\infty} \frac{dx}{x^2 + 4x + 9}$

(3) $\int_{-1}^{0} \frac{dx}{\sqrt{1-x^2}}$

(4) $\int_0^1 \frac{1}{x^2} dx$

自 测 试 题

一、判断题（对的打 √ ,错的打 ✕）：

1. 若函数 $\Phi(x) = \int_a^x f(x)dt$,则 $\Phi(x)$ 是 $f(x)$ 的原函数；   （   ）

2. 设函数 $f(x)$, $g(x)$ 在以 a,b 为端点的区间上均可积,且满足 $f(x) \geqslant g(x)$,则 $\int_a^b f(x)dx \geqslant \int_a^b g(x)dx$;   （   ）

3. 若 $\int_{-a}^a f(x)dx = 0$,则 $f(x)$ 在 $[-a,a]$ 上必为奇函数；   （   ）

4. $\int_{-2}^2 \frac{1}{x}dx = \ln|x| \Big|_{-2}^2 = \ln2 - \ln2 = 0$ 。   （   ）

二、单项选择题：

1. 设函数 $f(x)$ 是区间 $[a,b]$ 上的（   ）函数,则 $f(x)$ 在 $[a,b]$ 上一定可积。

   A. 有界   B. 分段   C. 奇   D. 连续

2. 下列各式中,（   ）是错误的。

   A. $\left(\int_a^b f(x)dx\right)' = 0$ B. $\left(\int f(x)dx\right)' = f(x)$

   C. $\int f'(x)dx = f(x)$ D. $\int_a^b f'(x)dx = f(b) - f(a)$

3. 设函数 $f(x)$ 是连续函数,且有原函数 $F(x)$,则必有（   ）

   A. $\int_a^x f(x)dx = F(x)$ B. $\left(\int_a^{-x} F'(t)dt\right)' = f(x)$

   C. $\left(\int_a^x F'(x)dt\right)' = f(x)$ D. $\int_a^b F'(t)dt = f(b) - f(a)$

4. 已知函数 $f(x)$ 在 $[1,2]$ 上连续,则 $\int_{\frac{1}{2}}^1 f(2x)dx = ($ $)$ 。

   A. $\frac{1}{2}\int_1^2 f(t)dt$ B. $\int_1^2 f(t)dt$

   C. $2\int_1^2 f(u)du$ D. $\frac{1}{2}\int_{\frac{1}{2}}^1 f(u)du$

三、填空题:

1. 若 $\int_0^x f(t)\,\mathrm{d}t = 2\sqrt{x}$,则 $f(x) =$ _____ ;

2. $\int_{-1}^1 \left(xe^{x^2} - \dfrac{\sin x}{1+x^2} \right)\mathrm{d}x =$ _____ ;

3. 若 $\int_0^{+\infty} \dfrac{A}{1+x^2}\,\mathrm{d}x = \pi$,则 $A =$ _____ ;

4. $\int_{-1}^3 |\,2-x\,|\,\mathrm{d}x =$ _____ 。

四、计算下列定积分:

1. $\int_1^4 \dfrac{e^{\sqrt{x}}}{\sqrt{x}}\,\mathrm{d}x$

2. $\int_1^e \sqrt{x}\ln x\,\mathrm{d}x$

3. $\int_0^1 e^x \cos x\,\mathrm{d}x$

4. $\int_3^2 \dfrac{1}{x(x-1)}\,\mathrm{d}x$

5. $\int_0^{\frac{\pi}{2}} \sqrt{1-\sin 2x}\,\mathrm{d}x$

五、试问,当 k 为何值时,广义积分 $\int_2^{+\infty} \dfrac{\mathrm{d}x}{x(\ln x)^k}$ 收敛? 当 k 为何值时,该广义积分发散?

六、求由曲线 $y = x^3$,直线 $x = -1, x = 2$ 及 x 轴所围成的平面图形的面积。

七、求由 $[0, \pi]$ 上的正弦曲线及 x 轴所围成的平面图形绕 x 轴旋转一周所成的旋转体的体积。

八、设某种商品的需求函数为 $Q=4(19-P)$,其中 Q 为需求量(单位:件),P 为单价(单位:百元／件)。又设生产此种商品的边际成本函数为 $C'(Q)=3+\dfrac{1}{2}Q$,且产品全部售出,试求:

(1) 若 $Q=0$ 时,成本为 8 百元,求总成本函数;

(2) 产量为多少时,总利润最大? 最大总利润是多少?

第七章 多元函数微分学

本章教学基本要求：理解空间直角坐标系；会求两点之间的距离；了解曲面方程的概念；理解二元函数的概念及其几何意义；了解二元函数极限与连续的概念；了解有界闭域上二元连续函数的性质；理解二元函数偏导数与全微分的概念；了解全微分存在的必要和充分条件；掌握求偏导数及全微分的方法；掌握复合函数一阶偏导的求法；会求二阶偏导；会求一个方程确定的隐函数的一阶偏导；理解二元函数极值与条件极值的概念；会求二元函数的极值及条件极值；会求解简单的最值问题。

本章重点、难点及考点：二元函数的概念；二元函数偏导数和全微分的概念及求法；二元复合函数求导法；二元函数极值及其在经济学方面的应用。

综 合 练 习

1. 填空题：

(1) 点 $M_1(1,2,1)$ 与点 $M_2(-1,0,2)$ 的距离是_____；

(2) 设函数 $f(x,y)=\ln(x^2+y^2)$，则 $f(\mathrm{e},2\mathrm{e})=$ _____；

(3) 曲面 $x^2-y^2=1$ 是双曲柱面，母线平行于_____；

(4) 已知 $\mathrm{d}z=x^2y^2\mathrm{d}x+xy^3\mathrm{d}y$，则 $\dfrac{\partial z}{\partial x}=$ _____，$\dfrac{\partial z}{\partial y}=$ _____；

(5) 设函数 $u=\ln(3x-2y)$，则 $\mathrm{d}u\Big|_{(1,1)}=$ _____；

(6) 函数 $z=\sqrt{x^2+y^2}$ 在_____处取得极_____值，为_____；

(7) 点 (x_0,y_0) 使 $f'_x(x_0,y_0)=0$，$f'_y(x_0,y_0)=0$，则点 (x_0,y_0) 是 $f(x,y)$ 的_____点；

(8) 设函数 $z=u^v$，则 $\mathrm{d}z=$ _____；

(9) 设函数 $z=x^2\sin y$，则 $z_{xy}\Big|_{(1,0)}=$ _____；

(10) 由方程 $\sin z+xy^2+z^2=0$ 确定的隐函数 $z=z(x,y)$ 对 y 的偏导数

$z_y =$ _____。

2. 求下列二元函数的定义域：

(1) $z = \sqrt{x^2 + y^2 - 2}$ (2) $z = \arcsin \dfrac{x^2 + y^2}{3}$

(3) $z = \dfrac{\sqrt{4x - y^2}}{\ln(1 - x^2 - y^2)}$

3. 设函数 $f(x, y) = 3x + 2y$，求 $f(xy, f(x, y))$。

4. 求下列函数的偏导数：

(1) $z = \ln \tan \dfrac{x}{y}$ (2) $z = \sqrt{\sin^2 x + \sin^2 y}$

$(3)z=1+xy^2+e^{-x}\sin(x+2y)$　$(4)z=\ln(y-x^2)$,在点$(0,1)$处

5. 求下列函数的二阶偏导数：

$(1)z=x^4+y^3-4x^2y$　　　　　$(2)z=\arctan\dfrac{y}{x}$

6. 求下列函数的全微分：

$(1)z=y^2\cos x$　　　　　　　　$(2)z=e^y\sin x$,在点$\left(\dfrac{\pi}{4},0\right)$处

7. 设函数 $z=e^{x-2y}$,而 $x=\sin t$,$y=t^2$,求$\dfrac{\mathrm{d}z}{\mathrm{d}t}$。

8. 设函数 $z = u^2 v^3$，而 $u = x + 4y, v = x - y$，求 $\dfrac{\partial z}{\partial x}, \dfrac{\partial z}{\partial y}$。

9. 求由方程 $\sin y + e^x - xy^2 = 0$ 所确定的隐函数的导数 $\dfrac{dy}{dx}$。

10. 求由方程 $e^z - 2x^2 yz = 0$ 所确定的隐函数的偏导数 $\dfrac{\partial z}{\partial x}, \dfrac{\partial z}{\partial y}$。

11. 设函数 $z = xy + xF(u)$，而 $u = \dfrac{y}{x}$，$F(u)$ 为可导函数，证明

$$x \frac{\partial z}{\partial x} + y \frac{\partial z}{\partial y} = z + xy$$

12. 求函数 $f(x,y) = e^{x-y}(x^2 - 2y^2)$ 的极值。

13. 求函数 $z = x^2 + 2y^2$ 在条件 $2x + y = 1$ 下的极值。

14. 某公司为销售产品作两种形式的广告宣传。当两种形式的宣传费分别为 x,y 时，销售量 $S = \dfrac{2\,000x}{5+x} + \dfrac{1\,000y}{10+y}$。若销售产品所得利润是销量的 $\dfrac{1}{5}$ 减去广告费。现要使用广告费 25 万元，问应如何选择两种广告形式，才能使广告产生的利润最大？最大利润是多少？

自 测 试 题

一、判断题(对的打 √ ,错的打 ×):

1. 点 $(1,0,1)$ 在曲面 $x^2 + y^2 - z^2 = 1$ 上; （　　）
2. 平面 $x + 2y = 0$ 通过 z 轴; （　　）
3. 函数 $z = f(x,y)$ 在点 (x_0, y_0) 处可微,则必在该点处连续; （　　）
4. 函数 $z = f(x,y)$ 在点 (x_0, y_0) 处偏导数存在,则必在该点处连续。

（　　）

二、单项选择题:

1. 函数 $f(x,y)$ 在点 (x_0, y_0) 处的两个偏导数存在是在该点可微的（　　）。

    A. 必要条件   B. 充分条件

    C. 充分必要条件   D. 无关条件

2. 设函数 $z = f(x,y), y = y(x)$,则 $\dfrac{\mathrm{d}z}{\mathrm{d}x} = （　　）$。

    A. $\dfrac{\partial f}{\partial x}$ B. $\dfrac{\partial f}{\partial x} + \dfrac{\partial f}{\partial y} \dfrac{\mathrm{d}y}{\mathrm{d}x}$

    C. $\dfrac{\partial f}{\partial x} + \dfrac{\partial f}{\partial y} \dfrac{\partial y}{\partial x}$ D. $\dfrac{\partial f}{\partial y}$

3. 设函数 $z = 2x^2 + xy + y^2$,则 $z_{xy} = （　　）$。

    A.1   B.4   C.0   D.2

4. 以下命题中正确的是（　　）。

    A. 驻点一定是极值点   B. 极值点一定是驻点

    C. 极值不一定是最值   D. 最值一定是极值

三、填空题:

1. 若平面 $x + 2y + kz + 1 = 0$ 经过点 $M_0(1,1,-2)$,则 $k = $ _____。

2. 设函数 $z = f(u), u = x^2 + 2xy^2$,则 $z_x = $ _____ , $z_y = $ _____。

3. 设函数 $z = x\mathrm{e}^{xy}$,则 $\mathrm{d}z\Big|_{(2,0)} = $ _____。

4. 由方程 $\mathrm{e}^y + x^2 + xy^2 = 0$ 确定的隐函数 $y = y(x)$ 对 x 的导数 $\dfrac{\mathrm{d}y}{\mathrm{d}x} = $

_____。

四、求下列函数 $z = z(x, y)$ 的偏导数：

1. $z = y\sin(x + y)$

2. $z = f(x^2, xe^y)$

五、求下列函数 $z = z(x, y)$ 的全微分：

1. $z = e^{xy^3}$

2. $z^3 + z^2 + xy = 0$

六、求函数 $z = x^2 e^{y^2}$ 的二阶偏导数。

七、求函数 $z = 3(x + y) - x^3 - y^3$ 的极值。

八、某厂要用铁板做成一个体积为 $2\ \mathrm{m^3}$ 的有盖长方体水箱，问当长、宽、高各取怎样的尺寸时，才能使用料最省？

九、某厂生产甲、乙两种产品，其销售价格分别为 10 万元和 9 万元，生产 x 件甲产品和 y 件乙产品的总成本为

$$C(x,y)=400+2x+3y+0.01(3x^2+xy+3y^2)\quad（单位：万元）$$

又已知两种产品的总产量为 100 件，求企业获得最大利润时两种产品的产量及最大利润。

模 拟 试 题（一）

一、单项选择题(3 分×6＝18 分)：

1.下列数列中收敛的是（　　　）

A. $\ln n$　　　　B. $\sin \dfrac{\pi}{2n}$　　　　C. $\dfrac{n^3+1}{n^2}$　　　　D. $(-1)^n$

2.设函数 $f(x)$ 在点 a 处连续,则 $f(x)$ 在点 a 处（　　　）

A.有定义　　　　B.极限不存在　　　　C.可导　　　　D.可微

3.曲线 $y=x^3+2x$ 在区间 $(0,1)$ 内为（　　　）

A.单调减小的凹曲线　　　　　　　　B.单调减少的凸曲线

C.单调增加的凹曲线　　　　　　　　D.单调增加的凸曲线

4.若 $\int f(x)\mathrm{e}^{\frac{1}{x}}\mathrm{d}x=-\mathrm{e}^{\frac{1}{x}}+C$,则 $f(x)=$（　　　）

A. $\dfrac{1}{x}$　　　　B. $\dfrac{1}{x^2}$　　　　C. $-\dfrac{1}{x}$　　　　D. $-\dfrac{1}{x^2}$

5.若 $\int_0^x f(t)\mathrm{d}t=\dfrac{x^4}{2}$,则 $\int_0^4 \dfrac{1}{\sqrt{x}}f(\sqrt{x})\mathrm{d}x=$（　　　）

A.2　　　　B.4　　　　C.8　　　　D.16

6.方程 $y'=3y^{\frac{2}{3}}$ 的特解为（　　　）

A. $y=(x+2)^3$　　　　　　　　B. $y=x^3+1$

C. $y=(x+C)^3$　　　　　　　　D. $y=C(x+1)^3$

二、填空题(4 分×6＝24 分)：

7.函数 $y=\dfrac{1}{\sqrt{1-x}}+\ln x^2$ 的定义域是_____。

8.当 $x\to 0$ 时,$\sin x^3$ 与 $2x^a$ 是同阶无穷小,则 $a=$_____。

9.曲线 $y=x^3-6x+2$ 的拐点为_____。

10. $\int \dfrac{x}{\cos^2 x^2} \mathrm{d}x = $ _____ 。

11. $\int_{-\frac{\pi}{2}}^{\frac{\pi}{2}} \left(\dfrac{\sin^9 x}{1 + \sin^2 x} + \cos^2 \sin^3 x \right) \mathrm{d}x = $ _____ .

12. 设函数 $z = xyf\left(\dfrac{y}{x}\right)$，$f(u)$ 可导，则 $x\dfrac{\partial z}{\partial x} + y\dfrac{\partial z}{\partial y} = $ _____ 。

三、解答、证明题(6 分 × 7 = 42 分)：

13. 讨论函数 $y = \begin{cases} x, & x \leqslant 0 \\ (1+2x)^{\frac{1}{x}}, & x > 0 \end{cases}$ 在 $(-\infty, +\infty)$ 上的连续区间,并指出间断点的类型。

14. 求 $\lim\limits_{x \to \infty} \dfrac{\ln(2x+1)}{3x}$。

15. 设 $y = e^{\sin x}$，求 y'，y'' 及 $y'(0)$，$y''(0)$。

16. 求函数 $y = 2x^2 - \ln x$ 的单调区间和极值。

17. 求 $\int \dfrac{x\,\mathrm{d}x}{1 + x^4}$。

18. 设函数 $f(x) = \begin{cases} \sqrt{x}, & 0 \leqslant x \leqslant 1 \\ \mathrm{e}^{-x}, & 1 < x \leqslant 3 \end{cases}$，求 $\int_0^3 f(x)\,\mathrm{d}x$。

19 试证函数 $z = \ln\sqrt{x^2 + y^2}$ 在其定义域内满足方程 $\dfrac{\partial^2 z}{\partial x^2} + \dfrac{\partial^2 z}{\partial y^2} = 0$。

四、综合题(8 分 × 2 = 16 分):

20. 求由 $x=0, x=\pi, y=\sin x, y=\cos x$ 所围成的平面图形的面积。

21. 某厂每批生产 x 吨某产品的成本 $C(x)=x^2+4x+10$(单位:万元),售价 p 万元/吨,且产品的售价 p 与需求量 x 的关系为 $x=\dfrac{1}{5}(28-p)$. 问每批产量为多少时,才能使总利润最大?

模 拟 试 题 (二)

一、单项选择题(3 分 × 6 = 18 分)：

1. 设 $f(x) = \dfrac{|x|}{\sin x}$，则 $x = 0$ 是 $f(x)$ 的（　　）

  A. 可去间断点　　　　　　　　　　　B. 跳跃间断点

  C. 第二类间断点　　　　　　　　　　D. 连续点

2. 设函数 $f(x) = \begin{cases} 0, & x < 0 \\ x, & x \geqslant 0 \end{cases}$，则（　　）

  A. $f'_-(0) = 0, f'_+(0) = 1$　　　　　　B. $f'_-(0) = 1, f'_+(0) = 0$

  C. $f'_-(0) = -1, f'_+(0) = 1$　　　　　D. $f'_-(0) = 1, f'_+(0) = -1$

3. 函数 $y = x^3 - 3x$ 在 $x = -1$ 处取得（　　）

  A. 最小值 $y(-1) = 2$　　　　　　　　B. 最大值 $y(-1) = 2$

  C. 极小值 $y(-1) = 2$　　　　　　　　D. 极大值 $y(-1) = 2$

4. 设函数 $f(x) = 2^2 + x^2$，则 $\displaystyle\int f'(2x)\,\mathrm{d}x = $（　　）

  A. $\dfrac{1}{2}(2^x + x^2) + C$　　　　　　B. $2^{2x} + (2x)^2 + C$

  C. $\dfrac{1}{2}2^{2x} + 2x^2 + C$　　　　　　D. $\dfrac{1}{2}2^{2x} + x^2 + C$

5. $\displaystyle\int_{-\frac{\pi}{2}}^{\frac{\pi}{2}} \sqrt{\sin^2 x}\,\mathrm{d}x = $（　　）

  A. 1　　　　　　　B. 2　　　　　　　C. 3　　　　　　　D. 4

6. 已知函数 $z = \arcsin \dfrac{x}{\sqrt{x^2 + y^2}}$，则 $\dfrac{\partial z}{\partial x} = $（　　）

  A. $\dfrac{y}{x^2 + y^2}$　　　B. $-\dfrac{y}{x^2 + y^2}$　　　C. $\dfrac{|y|}{x^2 + y^2}$　　　D. $\dfrac{1}{x^2 + y^2}$

二、填空题(4 分 × 6 = 24 分):

7. 函数 $y = \begin{cases} x, & x \leqslant 0 \\ \dfrac{\sin x}{x}, & x > 0 \end{cases}$ 的不连续点为 _____。

8. 设函数 $y = \dfrac{\tan x}{x^2}$,则 $dy =$ _____。

9. 函数 $y = e^{x^2}$ 在区间 $[0,1]$ 上为单调 _____。

10. $\displaystyle\int \dfrac{\sqrt{\arctan x}}{1 + x^2}\, dx =$ _____。

11. $\displaystyle\lim_{x \to 0} \dfrac{\displaystyle\int_0^{x^2} \sqrt{1 + t^2}\, dt}{x^2} =$ _____。

12. 设方程 $e^{xy} + y^2 = \cos x$ 确定 y 是 x 的函数,则 $\dfrac{dy}{dx} =$ _____。

三、解答题(6 分 × 7 = 42 分):

13. 确定常数 a,使函数 $y = \begin{cases} x + a, & x \leqslant 0 \\ \dfrac{\ln(1 + 2x)}{x}, & x > 0 \end{cases}$ 在 $(-\infty, +\infty)$ 上连续。

14. $\displaystyle\lim_{x \to 0} \dfrac{x - \arctan x}{\ln(1 + x^3)}$。

15. 设函数 $y=y(x)$ 由方程 $\ln\sqrt{x^2+y^2}=\arctan\dfrac{y}{x}$ 确定,求 $y'(x)$。

16. 求函数 $y=\dfrac{\ln x}{x}$ 的单调区间、极值及函数曲线的凹凸区间和拐点。

17. 求 $\displaystyle\int x^2\cos\dfrac{x}{2}\mathrm{d}x$。

18. 已知函数 $f(x)$ 具有连续的二阶导数，$f(0)=1$，$f(2)=3$，$f'(2)=5$，求 $\int_0^2 xf''(x)\mathrm{d}x$。

19. 求曲线 $y^2=x+4$ 与直线 $x+2y-4=0$ 所围成的平面图形的面积。

四、综合题(8 分 × 2 = 16 分):

20. 在曲线 $y = \sqrt{x}$ 上求一点 M_0,使过点 M_0 的切线平行于直线 $x - 2y + 5 = 0$,并求过点 M_0 的切线方程和法线方程。

21. 某厂投入产出函数为

$$z = 6x^{\frac{1}{3}} y^{\frac{1}{2}}$$

其中 x 为资本投入,y 为劳动力投入,z 为产出。设产品售价为 2,资本价格为 4,劳动力价格为 3,求该厂取得最大利润时的投入水平和最大利润。

习题与模拟试题参考答案

第一章

综 合 练 习

1.解 （1）由 $x-2\neq0$，得定义域为 $(-\infty,2)\bigcup(2,+\infty)$

（2）由 $4-x^2\geqslant0$，得定义域为 $[-2,2]$

（3）由 $x\neq0$ 及 $x+1>0$，即 $x>-1$，得定义域为 $(-1,0)\bigcup(0,+\infty)$

（4）由在 $0<x\leqslant2$ 内 $x\neq1$ 得定义域为 $[-2,1)\bigcup(1,2]$

2.解 （1）定义域为 $(-\infty,+\infty)$

（2）定义域为 $(-1,1]$

3.解 $f(1)=\sqrt{1-1^2}=0,\quad f\left(-\frac{1}{2}\right)=\sqrt{1-\left(-\frac{1}{2}^2\right)}=\frac{\sqrt{3}}{2},$

$f\left(\frac{\pi}{2}\right)=\sin\frac{\pi}{2}=1,\quad f\left(-\frac{3}{2}\pi\right)=\sin\left(-\frac{3}{2}\pi\right)=-\sin\left(\frac{3}{2}\pi\right)=1$

4.解 （1）不相同，因为 $D_f=(0,+\infty)\neq D_g=(-\infty,0)\bigcup(0,+\infty)$

（2）不相同，因为 $g(x)=|\cos x|\neq f(x)=\cos x$，对应规则不同

（3）不相同，因为 $D_f=(-\infty,+\infty)\neq D_g=(-\infty,1)\bigcup(1,+\infty)$

5.（1）$\Delta y=f(x+h)-f(x)=[a(x+h)+b]-(ax+b)=ah$

（2）$\Delta y=f(x+h)-f(x)=\frac{1}{x+h}-\frac{1}{x}=\frac{-h}{x(x+h)}$

6.解 （1）因 $y(-x)=\frac{e^{-x}-e^x}{2}=-y(x)$，故函数为奇函数

（2）因 $y(-x)=(-x)^2-(-x)^3=x^2+x^3\neq\pm y(x)$. 故函数为非奇非偶函数

（3）因 $y(-x)=\ln(-x+\sqrt{1+(-x)^2})=\ln(-x+\sqrt{1+x^2})=$

$\ln\frac{1}{x+\sqrt{1+x^2}}=-\ln(x+\sqrt{1+x^2})=-y(x)$，故函数为奇函数。

(4) 因 $y(-x)=-x\ln\dfrac{1-x}{1+x}=x\ln\dfrac{1+x}{1-x}=y(x)$,故函数为偶函数

7. 解　(1) 由 $y=\sqrt{u}$, $u=\cos x$ 复合而成

(2) 由 $y=\mathrm{e}^u$, $u=\sqrt{v}$, $v=1+x^2$ 复合而成

(3) 由 $y=\dfrac{1}{u}$, $u=\ln v$, $v=1+\mathrm{e}^x$ 复合而成

8. 解
$$f\left(x+\frac{1}{x}\right)=\left(x+\frac{1}{x}\right)^2+1$$

令
$$u=x+\frac{1}{x}$$

则
$$f(u)=u^2+1$$

故
$$f(x)=x^2+1$$

9. 解　$f(\cos x)=\cos x\sqrt{1-\cos^2 x}=\cos x\sqrt{\sin^2 x}=\cos x\,|\sin x|$

10. 解　(1) 由 $y=\sqrt[3]{x+1}$,解得 $x=y^3-1$,故反函数为
$$y=x^3-1, x\in(-\infty,+\infty)$$

(2) 由 $y=\lg(x+2)+1$,解得 $x=10^{y-1}-2$,故反函数为
$$y=10^{x-1}-2, x\in(-\infty,+\infty)$$

11. 解　设木箱表面积函数为 $S(x)$,其中,x 表示木箱底面一边的长,设底面另一边的长为 y(单位:m),由题意,木箱容积:$2xy=1$,得 $y=\dfrac{1}{2x}$,而木箱表面积 $S(x)=xy+4x+4y$

将 $y=\dfrac{1}{2x}$ 代入得表面积函数:$S(x)=\dfrac{1}{2}+4x+\dfrac{2}{x}, x\in(0,+\infty)$

12. 解　设所求线性需求函数为 $Q_d=a-bp$,其中 p 表示每台销售价格由题设有
$$\begin{cases}1500=a-500b\\1750=a-450b\end{cases}$$

解得 $a=4000, b=5$,从而所求需求函数为
$$Q_d=4000-5p$$

13. 解　设总收入函数为 $R(Q)$,其中 Q 表示产品销售量,分两部情况考虑:

当 $0\leqslant Q\leqslant 700$ 时,收入
$$R(Q)=130Q;$$

当 $700<Q\leqslant 1000$ 时,收入
$$R(Q)=130\times 700+(Q-700)\times 130\times 90\%=117Q+9100$$

故总收入函数 $R(Q)=\begin{cases}130Q, & 0\leqslant Q\leqslant 700\\117Q+9100, & 700<Q\leqslant 1000\end{cases}$

自测试题

一、1. × 2. × 3. √ 4. ×，√

二、1. C 2. B 3. D 4. A

三、1. $f(0) = 2$, $f(2) = 2\sqrt{2}$, $f\left(\dfrac{1}{a}\right) = \sqrt{4 + \dfrac{1}{a^2}} = \dfrac{1}{|a|}\sqrt{4a^2 + 1}$,

$f(x-1) = \sqrt{x^2 - 2x + 5}$, $f(t_0 + h) = \sqrt{t_0^2 + 2t_0 h + h^2 + 4}$

2. $f(x) = \dfrac{1}{x} + \dfrac{\sqrt{1 + x^2}}{|x|}$

3. $y = \dfrac{1}{3}\arcsin\dfrac{x}{2}$

4. $f_3(x) = \dfrac{a^x - a^{-x}}{x}$

四、1. $a = 2$, $b = 1$, $c = -2$

2. $g(x+1) = 2x^2 + 5x + 1$

五、运费 P 作为行李重量 W 的函数：

$$P(W) = \begin{cases} 0, & 0 \leqslant W \leqslant 20 \\ 3(W - 20), & W > 20 \end{cases}$$

六、(1) $C(0) = 200$　(2) $C(20) = 500$　(3) $\overline{C}(Q) = \dfrac{200}{Q} + 5 + \dfrac{Q}{2}$

(4) $\overline{C}(20) = 25$

七、由 $Q = 50 - 5P$，得价格 $P = 10 - \dfrac{Q}{5}$，收益 $R = PQ = 10Q - \dfrac{Q^2}{5}$，利润

$$L = R(Q) - C(Q) = \dfrac{-1}{5}(Q - 20)^2 + 80, \quad L_{\max} = L(20) = 80.$$

第二章

综合练习

1. **解** (1) $\displaystyle\lim_{x \to \infty} \dfrac{2x^4 - x + 1}{4x^4 + 3x^2 - 1} = \lim_{x \to \infty} \dfrac{2 - \dfrac{1}{x^3} + \dfrac{1}{x^4}}{4 + \dfrac{3}{x^2} - \dfrac{1}{x^4}} = \dfrac{1}{2}$

(2) $\lim\limits_{n\to\infty}\dfrac{2^n+2}{4^n+1}=\lim\limits_{n\to\infty}\dfrac{\dfrac{1}{2^n}+\dfrac{2}{4^n}}{1+\dfrac{1}{4^n}}=\dfrac{0}{1}=0$

(3) $\lim\limits_{x\to1}\dfrac{x^2+x-2}{x^2+2x-3}=\lim\limits_{x\to1}\dfrac{(x-1)(x+2)}{(x-1)(x+3)}=\lim\limits_{x\to1}\dfrac{x+2}{x+3}=\dfrac{3}{4}$

(4) $\lim\limits_{x\to1}\left(\dfrac{1}{x-1}-\dfrac{2}{x^2-1}\right)=\lim\limits_{x\to1}\dfrac{x+1-2}{x^2-1}=\lim\limits_{x\to1}\dfrac{x-1}{x^2-1}=$

$\qquad\qquad \lim\limits_{x\to1}\dfrac{x-1}{(x-1)(x+1)}=\lim\limits_{x\to1}\dfrac{1}{x+1}=\dfrac{1}{2}$

(5) $\lim\limits_{x\to0}\dfrac{\sqrt{1+x}-1}{x}=\lim\limits_{x\to0}\dfrac{x}{x(\sqrt{1+x}+1)}=\lim\limits_{x\to0}\dfrac{1}{\sqrt{1+x}+1}=\dfrac{1}{2}$

(6) $\lim\limits_{x\to0^+}\dfrac{\mathrm{e}^{\frac{1}{x}}-1}{\mathrm{e}^{\frac{1}{x}}+1}=\lim\limits_{x\to0^+}\dfrac{1-\mathrm{e}^{-\frac{1}{x}}}{1+\mathrm{e}^{-\frac{1}{x}}}=1$

2. 解 (1) $\lim\limits_{x\to0}\dfrac{\sin2x}{\tan5x}=\dfrac{2}{5}\lim\limits_{x\to0}\dfrac{5x}{\tan5x}\lim\limits_{x\to0}\dfrac{\sin2x}{2x}=\dfrac{2}{5}$

(2) $\lim\limits_{x\to\infty}x\sin\dfrac{2}{x}=2\lim\limits_{x\to\infty}\dfrac{\sin\dfrac{2}{x}}{\dfrac{2}{x}}=2$

(3) $\lim\limits_{x\to0}\dfrac{\sin2x}{\sqrt{1+3x}-1}=\lim\limits_{x\to0}\dfrac{\sin2x(\sqrt{1+3x}+1)}{3x}=$

$\qquad\qquad \dfrac{2}{3}\lim\limits_{x\to0}\dfrac{\sin2x}{2x}(\sqrt{1+3x}+1)=\dfrac{4}{3}$

(4) $\lim\limits_{x\to0}\dfrac{x-\sin x}{x+\sin x}=\lim\limits_{x\to0}\dfrac{1-\dfrac{\sin x}{x}}{1+\dfrac{\sin x}{x}}=\dfrac{\lim\limits_{x\to0}\left(1-\dfrac{\sin x}{x}\right)}{\lim\limits_{x\to0}\left(1+\dfrac{\sin x}{x}\right)}=\dfrac{1-1}{2}=0$

(5) $\lim\limits_{x\to0}(1+2x)^{\frac{1}{x}}\xlongequal{\text{令}\,t=2x}\lim\limits_{t\to0}\left[(1+t)^{\frac{1}{t}}\right]^2=\mathrm{e}^2$

(6) $\lim\limits_{x\to\infty}\left(1-\dfrac{1}{x}\right)^{x+2}\xlongequal{\text{令}\,t=-x}\lim\limits_{t\to\infty}\left[\left(1+\dfrac{1}{t}\right)^t\right]^{\frac{2-t}{t}}=\mathrm{e}^{-1}$

(7) $\lim\limits_{x\to\infty}\left(\dfrac{x+1}{x-2}\right)^x=\lim\limits_{x\to\infty}\left[\left(1+\dfrac{3}{x-2}\right)^{\frac{x-2}{3}}\right]^{\frac{3x}{x-2}}=\mathrm{e}^3$

(8) $\lim\limits_{n\to\infty}n[\ln(n+2)-\ln n]=\lim\limits_{n\to\infty}\ln\left(\dfrac{n+2}{n}\right)^n=$

$\qquad\qquad \lim\limits_{n\to\infty}\ln\left[\left(1+\dfrac{2}{n}\right)^{\frac{n}{2}}\right]^2=\ln\mathrm{e}^2=2$

（9）因 $\sin\dfrac{1}{x}$ 为有界变量，$\left|\sin\dfrac{1}{x}\right|\leqslant 1$，$x$ 为 $x\to 0$ 时的无穷小量，故极限

$$\lim_{x\to 0}x\sin\dfrac{1}{x}=0$$

（10）$\lim\limits_{x\to\infty}\dfrac{\sin 2x}{x}=0$，因为 $|\sin 2x|\leqslant 1$，$\lim\limits_{x\to\infty}\dfrac{1}{x}=0$

以下解法是错误的：

$$\lim_{x\to\infty}\dfrac{\sin 2x}{x}=2\lim_{x\to\infty}\dfrac{\sin 2x}{2x}=2$$

错将极限 $\lim\limits_{x\to\infty}\dfrac{\sin 2x}{2x}$ 当成重要极限

3. 解 （1）因 $\lim\limits_{x\to 0}\dfrac{x^2+x}{x}=\lim\limits_{x\to 0}(x+1)=1$，故 x^2+x 为 x 的等价无穷小

（2）因 $\lim\limits_{x\to 0}\dfrac{x+\sin x}{x}=\lim\limits_{x\to 0}\left(1+\dfrac{\sin x}{x}\right)=2$，故 $x+\sin x$ 为 x 的同阶无穷小

（3）因 $\lim\limits_{x\to 0}\dfrac{x-\sin x}{x}=\lim\limits_{x\to 0}\left(1-\dfrac{\sin x}{x}\right)=1-1=0$，故 $x-\sin x$ 为 x 的高阶

无穷小

（4）因 $\lim\limits_{x\to 0}\dfrac{\tan 3x}{x}=3\lim\limits_{x\to 0}\dfrac{\tan 3x}{3x}=3$，故 $\tan 3x$ 是 x 的同阶无穷小

4. 解 （1）由于 $\sin x\sim x$，$\sin x^5\sim x^5$，利用等价无穷小替代性质

$$\lim_{x\to 0}\dfrac{\sin x^5}{(\sin x)^n}=\lim_{x\to 0}\dfrac{x^5}{x^n}=\begin{cases}0, & n<5\\ 1, & n=5\\ \infty, & n>5\end{cases}$$

（2）由于 $\sin 3x\sim 3x$，$\tan 2x\sim 2x$，

$$\lim_{x\to 0}\dfrac{\sin 3x+x^2}{\tan 2x}=\lim_{x\to 0}\dfrac{\sin 3x+x^2}{2x}=\dfrac{3}{2}\lim_{x\to 0}\dfrac{\sin 3x}{3x}+\lim_{x\to 0}\dfrac{x}{2}=\dfrac{3}{2}$$

（3）由于 $\sin x\sim x$，$e^x-1\sim x$，$\ln(1-2x^2)\sim -2x^2$，

$$\lim_{x\to 0}\dfrac{\ln(1-2x^2)}{(e^x-1)\sin x}=\lim_{x\to 0}\dfrac{-2x^2}{x\cdot x}=-2$$

5. 解 （1）$f(x)=\operatorname{sgn}x=\begin{cases}-1, & x<0\\ 0, & x=0\\ 1, & x>0\end{cases}$

因

$$\lim_{x\to 0^+}f(x)=1, \quad \lim_{x\to 0^-}f(x)=-1, \quad f(0)=0$$

$$\lim_{x \to 0^+} f(x) \neq \lim_{x \to 0^-} f(x)$$

$\lim_{x \to 0} f(x)$ 不存在,故 $x=0$ 为第一类的跳跃型间断点

(2) 因 $f(x) = \dfrac{x^2 - 2x}{x} = \dfrac{x(x-2)}{x}$ 在 $x=0$ 处无定义,又

$$\lim_{x \to 0} f(x) = \lim_{x \to 0} \frac{x(x-2)}{x} = \lim_{x \to 0} (x-2) = -2$$

故 $x=0$ 为第一类的可去型间断点

(3) 因 $f(x) = \tan x$ 在点 $x = k\pi + \dfrac{\pi}{2}(k=0, \pm 1, \cdots)$ 处无定义,又

$$\lim_{x \to k\pi + \frac{\pi}{2}} f(x) = \lim_{x \to k\pi + \frac{\pi}{2}} \tan x = \infty$$

故 $x = k\pi + \dfrac{\pi}{2}(k=0, \pm 1, \cdots)$ 为第二类的无穷型间断点

(4) 由 $\lim_{x \to 0} f(x) = 1 \neq f(0) = 2.$ 故 $x=0$ 是第一类的可去间断点.

6. 解　因 $\lim_{x \to 0^-} f(x) = \lim_{x \to 0^-} (x+a) = a,$　$\lim_{x \to 0^+} f(x) = \lim_{x \to 0^+} e^x = 1 = f(0)$

故当 $a=1$ 时,$\lim_{x \to 0} f(x) = f(1),$ 即 $f(x)$ 在 $x=0$ 连续

7. 解　因 $f(x) = \dfrac{x-1}{x^2-1} = \dfrac{x-1}{(x-1)(x+1)}$ 在 $x=-1, x=1$ 处无定义,

$x = \pm 1$ 为函数 $f(x)$ 的间断点. 在 $x \neq \pm 1$ 处,$f(x) = \dfrac{1}{x+1}$ 处处连续,故 $f(x)$

的连续区间为 $(-\infty, -1) \bigcup (-1, 1) \bigcup (1, +\infty)$

又

$$\lim_{x \to 1} f(x) = \lim_{x \to 1} \frac{x-1}{(x-1)(x+1)} = \lim_{x \to 1} \frac{1}{x+1} = \frac{1}{2}$$

$$\lim_{x \to -1} f(x) = \lim_{x \to -1} \frac{x-1}{(x-1)(x+1)} = \lim_{x \to -1} \frac{1}{x+1} = \infty$$

$$\lim_{x \to 0} f(x) = \lim_{x \to 0} \frac{x-1}{x^2-1} = \frac{0-1}{0-1} = 1$$

因此,$x=1$ 为第一类的可去型间断点,$x=-1$ 为第二类的无穷型间断点

8. 解　令 $f(x) = x^5 - 3x - 1$,则 $f(x)$ 在区间 $[1, 2]$ 上连续,且

$$f(1) = -3 < 0, f(2) = 25 > 0$$

于是由零值定理,至少存在一点 $\xi \in (1, 2)$,使 $f(\xi) = 0$,这表明方程 $x^3 - 3x = 1$ 在区间 $(1, 2)$ 内至少有一个根。

自 测 试 题

一、1. × 2. × 3. × 4. √

二、1. B 2. D 3. C 4. B

三、1. 1 2. 0 3. $x \to \infty, x \to 0$ 4. -2 5. 可去，一

6. $(-\infty, -1) \bigcup (-1, 1) \bigcup (1, +\infty)$

四、1. -3 2. $\dfrac{1}{4}$ 3. e^{-3} 4. 0

五、$a = 1, b = -1$

六、$x_0 = 0$，定义 $f(0) = -1$，可使 $f(x)$ 在 $x = 0$ 处连续。

第三章

综合练习

1. 解 由条件 $f(x)$ 在 $x = 0$ 处可导，且 $f(0) = 0$，得

$$(1) f'(0) = \lim_{x \to 0} \frac{f(x) - f(0)}{x} = \lim_{x \to 0} \frac{f(x)}{x}$$

即 $I_1 = \lim\limits_{x \to 0} \dfrac{f(x)}{x} = f'(0).$

$$(2) f'(0) = \lim_{x \to 0} \frac{f(tx) - f(0)}{tx} = \lim_{x \to 0} \frac{f(tx)}{tx} = \frac{1}{t} \lim_{x \to 0} \frac{f(tx)}{x}$$

即 $I_2 = \lim\limits_{x \to 0} \dfrac{f(tx)}{x} = t f'(0).$

2. 解 曲线 $y = \sin x$ 在 $(\pi, 0)$ 处切线斜率

$$k = y'(\pi) = \cos x \mid_{x = \pi} = -1$$

故所求切线 L 为经过曲线上点 $(\pi, 0)$，且斜率为 $k = -1$ 的直线，即

$$L : y - 0 = (-1)(x - \pi).$$

也即 $L : y = -x + \pi.$

3. 解 $(1) y' = (\sqrt[3]{x} + a^x)' = \dfrac{1}{3} x^{-\frac{2}{3}} + a^x \cdot \ln a$

$(2) y' = (2 \arcsin x + \sqrt{2})' = \dfrac{2}{\sqrt{1 - x^2}}$

$(3)y' = [e^x(x^2-x+1)]' = (e^x)'(x^2-x+1) + e^x(x^2-x+1)' =$

$\quad e^x \cdot (x^2-x+1) + e^x(2x-1) = e^x(x^2+x)$

$(4)y' = \left(\varphi\sin\varphi + \dfrac{1}{2}\cos\varphi\right)' = [\varphi'\sin\varphi + \varphi(\sin\varphi)'] - \dfrac{1}{2}\sin\varphi =$

$\quad \sin\varphi + \varphi\cos\varphi - \dfrac{1}{2}\sin\varphi = \dfrac{1}{2}\sin\varphi + \varphi\cos\varphi$

$(5)y' = \left(\dfrac{\tan x}{x}\right)' = \dfrac{(\tan x)'x - \tan x \cdot x'}{x^2} = \dfrac{x\sec^2 x - \tan x}{x^2}$

$(6)y' = \left(\dfrac{\ln x}{x} + \sec x\right)' = \dfrac{(\ln x)'x - \ln x \cdot x'}{x^2} + \sec x\tan x =$

$\quad \dfrac{1 - \ln x}{x^2} + \sec x\tan x$

4. 解　$(1)y' = (\sqrt{x^2-x})' = \dfrac{1}{2}(x^2-x)^{-\frac{1}{2}} \cdot (x^2-x)' =$

$\qquad \dfrac{1}{2\sqrt{x^2-x}}(2x-1)$

$(2)y' = (e^{x^2})' = e^{x^2} \cdot (x^2)' = 2xe^{x^2}$

$(3)y' = (\cos\sqrt{x})' = -\sin\sqrt{x} \cdot (\sqrt{x})' = -\sin\sqrt{x} \cdot \dfrac{1}{2\sqrt{x}} = -\dfrac{\sin\sqrt{x}}{2\sqrt{x}}$

$(4)y' = (\ln\sin x)' = \dfrac{1}{\sin x}(\sin x)' = \dfrac{1}{\sin x} \cdot \cos x = \cot x$

5. 解　$(1)y' = (\sin^2 x \cdot \sin x^2)' = (\sin^2 x)'\sin x^2 + \sin^2 x \cdot (\sin x^2)' =$

$\qquad 2\sin x \cdot (\sin x)' \cdot \sin x^2 + \sin^2 x \cdot \cos x^2 \cdot (x^2)' =$

$\qquad 2\sin x\cos x \cdot \sin x^2 + \sin^2 x \cdot \cos x^2 \cdot 2x =$

$\qquad \sin 2x \cdot \sin x^2 + 2x\sin^2 x \cdot \cos x^2$

$(2)y' = \left(\dfrac{e^{\frac{1}{x}}}{x}\right)' = \dfrac{(e^{\frac{1}{x}})'x - e^{\frac{1}{x}}x'}{x^2} = \dfrac{e^{\frac{1}{x}} \cdot \left(\dfrac{1}{x}\right)' \cdot x - e^{\frac{1}{x}}}{x^2} =$

$\qquad \dfrac{e^{\frac{1}{x}} \cdot \dfrac{-1}{x^2} \cdot x - e^{\frac{1}{x}}}{x^2} = \dfrac{-e^{\frac{1}{x}}(1+x)}{x^3}$

$(3)y' = \left(\ln\cos\dfrac{1}{x}\right)' = \dfrac{1}{\cos\dfrac{1}{x}} \cdot \left(\cos\dfrac{1}{x}\right)' = \dfrac{1}{\cos\dfrac{1}{x}}\left(-\sin\dfrac{1}{x}\right)\left(\dfrac{1}{x}\right)' =$

$\qquad -\tan\dfrac{1}{x} \cdot \dfrac{-1}{x^2} = \dfrac{1}{x^2}\tan\dfrac{1}{x}$

$$(4)\ y' = \left[\left(\arcsin\frac{x}{3}\right)^2\right]' = 2\arcsin\frac{x}{3}\cdot\left(\arcsin\frac{x}{3}\right)' =$$

$$2\arcsin\frac{x}{3}\cdot\frac{1}{\sqrt{1-\left(\frac{x}{3}\right)^2}}\left(\frac{x}{3}\right)' = 2\arcsin\frac{x}{3}\cdot\frac{1}{\sqrt{9-x^2}}$$

6.解 (1) 将方程中的 y 看成 x 的函数 $y = y(x)$,有

$$e^x - e^{y(x)} - xy(x) = 0$$

方程两边对 x 求导,得

$$e^x - e^{y(x)}y'(x) - [y(x) + xy'(x)] = 0$$

故

$$y'(x) = \frac{e^x - y}{e^y + x}$$

(2) 方程两边对 x 求导,得

$$2x + (y + xy') + 2yy' = 0$$

解出 y',得

$$y' = -\frac{2x+y}{x+2y}$$

曲线在点 $(2,-2)$ 处切线斜率

$$K = y'(2) = -\frac{2x+y}{x+2y}\bigg|_{\substack{x=2\\y=-2}} = 1$$

故所求切线方程为

$$y - (-2) = 1\cdot(x-2)$$

即 $y = x - 4$

7.解 $(1)\ y' = (x\sin x)' = x'\sin x + x(\sin x)' = \sin x + x\cos x$

$$y'' = (\sin x + x\cos x)' = \cos x + [x'\cos x + x(\cos x)'] =$$

$$\cos x + (\cos x - x\sin x) = 2\cos x - x\sin x$$

$$(2)\ y' = \left(\frac{1}{1+x^2}\right)' = \frac{-(x^2)'}{(1+x^2)^2} = -\frac{2x}{(1+x^2)^2}$$

$$y'' = -2\frac{x'(1+x^2)^2 - x[(1+x^2)^2]'}{(1+x^2)^4} =$$

$$-2\frac{(1+x^2)^2 - x\cdot 2(1+x^2)\cdot(1+x^2)'}{(1+x^2)^4} = -2\frac{(1+x^2) - 4x^2}{(1+x^2)^3} =$$

$$\frac{6x^2-2}{(1+x^2)^3}$$

8.解 $(1)\ y' = (x^k)' = kx^{k-1}$, $\quad y'' = (kx^{k-1})' = k(k-1)x^{k-2}$, $\quad\cdots$,

$y^{(k-1)} = k(k-1)\cdots 3\cdot 2\cdot x$, $\quad y^{(k)} = k!$, $\quad y^{(k+1)} = 0$,

因此

$$y^{(n)} = (x^k)^{(n)} = \begin{cases} k(k-1)\cdots(k-n+1)x^{k-n}, & n \leqslant k \\ 0, & n > k \end{cases}$$

(2) $y' = (a^x)' = a^x \cdot \ln a$, $y'' = (a^x \cdot \ln a)' = a^x \cdot (\ln a)^2, \cdots$,

$y^{(n)} = a^x \cdot (\ln a)^n$, 即 $(a^x)^{(n)} = a^x \cdot (\ln a)^n$

9. 解 因 $(x^2)' = 2x$, $(x^2 + C)' = 2x$(C 为任意常数)，故应填(1) $x^2 + C$；

(2) $\dfrac{1}{2}\sin 2x + C$；(3) $\ln|1 + x| + C$；(4) $-e^{-x} + C$

10. 解 由 $y' = (\ln^2 x)' = 2\ln x \cdot (\ln x)' = \dfrac{2\ln x}{x}$, 得函数的微分：

$$dy = y'dx = \frac{2\ln x}{x}dx$$

11. 解 由成本函数 $C(Q) = 500 + 10Q + 0.1Q^2$, 得

平均成本函数：$\overline{C}(Q) = \dfrac{C(Q)}{Q} = \dfrac{500}{Q} + 10 + 0.1Q$

边际函数：$C'(Q) = 10 + 0.2Q$

因此，当产量 $Q = 10$ 时，总成本 $C(10) = 610$，平均成本 $\overline{C}(10) = 61$

边际成本：$C'(10) = 12$。

自 测 试 题

一、1. × 2. √ 3. × 4. √

二、1. C 2. A 3. D 4. B

三、1. $\dfrac{1}{3}$ 2. 切线斜率 3. $x - ey = 0$ 4. $10!x, 10!, 0$

四、1. $-2x\sin x^2$ 2. $\dfrac{1}{2(x + \sqrt{x})}$ 3. $\dfrac{2x}{5y^4 + 2}$

五、1. $3 + 2\ln x$ 2. $y'(0) = 0$, $y''(0) = -1$ $y'''(0) = -2$

六、1. $(ax^{a-1} + a^x \ln a)dx$

2. $dy = (2x + x^2)e^x dx$, $dy|_{x=1} = 3edx$

七、成本 $C(Q) = a + bQ$(单位：万元)，边际成本 $C'(Q) = b$(单位：万元/吨)

第四章

综 合 练 习

1. 解 （1）虽然 $f(x)$ 在区间 $(0,1)$ 可导，且 $f(0)=f(1)=0$，但在 $x=1$ 处，$\lim\limits_{x \to 1^-} f(x)=1 \neq f(1)=0$，因此，不满足函数 $f(x)$ 在闭区间 $[0,1]$ 上连续的条件，故此函数在给定区间上不满足罗尔定理条件。

（2）虽然 $f(x)$ 在闭区间 $[-1,1]$ 上连续，且 $f(-1)=f(1)=1$，但 $f(x)$ 在 $x=0$ 处不可导，不满足函数 $f(x)$ 在开区间 $(-1,1)$ 内可导的条件，故此函数在给定区间上不满足罗尔定理条件。

（3）初等函数 $f(x)=\ln\sin x$ 在闭区间 $\left[\dfrac{\pi}{6}, \dfrac{5\pi}{6}\right]$ 上连续，在开区间 $\left(\dfrac{\pi}{6}, \dfrac{5\pi}{6}\right)$ 内 $f'(x)=\cot x$，又

$$f\left(\frac{\pi}{6}\right)=\ln\sin\frac{\pi}{6}=\ln\frac{1}{2}=-\ln 2, \quad f\left(\frac{5\pi}{6}\right)=\ln\sin\frac{5\pi}{6}=\ln\frac{1}{2}=-\ln 2$$

故函数 $f(x)$ 在区间 $\left[\dfrac{\pi}{6}, \dfrac{5\pi}{6}\right]$ 上满足罗尔定理条件。

令 $f'(x)=0$，得

$$x=\frac{\pi}{2}, \quad \frac{\pi}{2} \in \left(\frac{\pi}{6}, \frac{5\pi}{6}\right)$$

$\dfrac{\pi}{2}$ 即为所求 ξ。

2. 解 （1）$\lim\limits_{x \to \frac{\pi}{2}} \dfrac{\cos x}{x-\dfrac{\pi}{2}} \xlongequal{\text{“}\frac{0}{0}\text{”}} \lim\limits_{x \to \frac{\pi}{2}} \dfrac{-\sin x}{1}=-\sin\dfrac{\pi}{2}=-1$

（2）$\lim\limits_{x \to 1} \dfrac{\ln x}{(x-1)^2} \xlongequal{\text{“}\frac{0}{0}\text{”}} \lim\limits_{x \to 1} \dfrac{\dfrac{1}{x}}{2(x-1)}=\infty$

（3）$\lim\limits_{x \to +\infty} \dfrac{\ln(2x+1)}{2^x} \xlongequal{\text{“}\frac{\infty}{\infty}\text{”}} \lim\limits_{x \to +\infty} \dfrac{\dfrac{2}{2x+1}}{2^x\ln 2}=\lim\limits_{x \to +\infty} \dfrac{2}{\ln 2} \dfrac{1}{(2x+1)2^x}=0$

(4) $\lim\limits_{x \to 0} \dfrac{\mathrm{e}^x - \mathrm{e}^{-x}}{\sin x} \xlongequal{\text{“}\frac{0}{0}\text{”}} \lim\limits_{x \to 0} \dfrac{\mathrm{e}^x + \mathrm{e}^{-x}}{\cos x} = 2$

(5) $\lim\limits_{x \to +\infty} \dfrac{x^2}{\mathrm{e}^x} \xlongequal{\text{“}\frac{\infty}{\infty}\text{”}} \lim\limits_{x \to +\infty} \dfrac{2x}{\mathrm{e}^x} \xlongequal{\text{“}\frac{\infty}{\infty}\text{”}} \lim\limits_{x \to +\infty} \dfrac{2}{\mathrm{e}^x} = 0$

(6) $\lim\limits_{x \to 0} \dfrac{x - \sin x}{x^3} \xlongequal{\text{“}\frac{0}{0}\text{”}} \lim\limits_{x \to 0} \dfrac{1 - \cos x}{3x^2} \xlongequal{\text{“}\frac{0}{0}\text{”}} \lim\limits_{x \to 0} \dfrac{\sin x}{3 \times 2 \cdot x} = \dfrac{1}{6}$

(7) $\lim\limits_{x \to \frac{\pi}{2}} (\sec x - \tan x) \xlongequal{\text{“}\infty - \infty\text{”}} \lim\limits_{x \to \frac{\pi}{2}} \dfrac{1 - \sin x}{\cos x} \xlongequal{\text{“}\frac{0}{0}\text{”}} \lim\limits_{x \to \frac{\pi}{2}} \dfrac{-\cos x}{-\sin x} = 0$

(8) $\lim\limits_{x \to 0^+} x^n \ln x \xlongequal{\text{“}0 \cdot \infty\text{”}} \lim\limits_{x \to 0^+} \dfrac{\ln x}{x^{-n}} \xlongequal{\text{“}\frac{\infty}{\infty}\text{”}} \lim\limits_{x \to 0^+} \dfrac{x^{-1}}{-nx^{-n-1}} = \lim\limits_{x \to 0^+} \dfrac{1}{-n} x^n = 0$

(9) $\lim\limits_{x \to 0} \left(\dfrac{1}{x} - \dfrac{1}{\mathrm{e}^x - 1} \right) \xlongequal{\text{“}\infty - \infty\text{”}} \lim\limits_{x \to 0} \dfrac{\mathrm{e}^x - 1 - x}{x(\mathrm{e}^x - 1)} \xlongequal{\text{“}\frac{0}{0}\text{”}} \lim\limits_{x \to 0} \dfrac{\mathrm{e}^x - 1}{\mathrm{e}^x - 1 + x\mathrm{e}^x} \xlongequal{\text{“}\frac{0}{0}\text{”}}$

$$\lim\limits_{x \to 0} \dfrac{\mathrm{e}^x}{\mathrm{e}^x + \mathrm{e}^x + x\mathrm{e}^x} = \lim\limits_{x \to 0} \dfrac{1}{2 + x} = \dfrac{1}{2}$$

(10) $\lim\limits_{x \to 1} \left(\dfrac{2}{x^2 - 1} - \dfrac{1}{x - 1} \right) \xlongequal{\text{“}\infty - \infty\text{”}} \lim\limits_{x \to 1} \dfrac{2 - (x + 1)}{(x - 1)(x + 1)} =$

$$-\lim\limits_{x \to 1} \dfrac{x - 1}{(x - 1)(x + 1)} = -\lim\limits_{x \to 1} \dfrac{1}{x + 1} = -\dfrac{1}{2}$$

3. 解 这是 $\dfrac{\infty}{\infty}$ 型未定义, 若用洛必达法则

$$I = \lim\limits_{x \to \infty} \dfrac{x - \cos x}{x + \sin x} \xlongequal{\text{“}\frac{\infty}{\infty}\text{”}} \lim\limits_{x \to \infty} \dfrac{1 + \sin x}{1 + \cos x}$$

以上极限不存在且不为 ∞, 即该极限不满足洛必达法则条件, 故改用其它方法, 如分子分母同除以 x, 得

$$I = \lim\limits_{x \to \infty} \dfrac{x - \cos x}{x + \sin x} \xlongequal{\text{“}\frac{\infty}{\infty}\text{”}} \lim\limits_{x \to \infty} \dfrac{1 - \dfrac{\cos x}{x}}{1 + \dfrac{\sin x}{x}} = \dfrac{1 - 0}{1 + 0} = 1$$

其中 $\lim\limits_{x \to \infty} \dfrac{\cos x}{x} = 0$, $\lim\limits_{x \to \infty} \dfrac{\sin x}{x} = 0$ 均由 "无穷小量与有界变量的乘积为无穷小量" 得到。

4. 解 (1) 函数的定义域为 $(-\infty, +\infty)$. $y' = \mathrm{e}^x - 1$, 令 $y' = 0$, 得驻点 $x = 0$。因为在 $(-\infty, 0)$ 内 $y' < 0$, 在 $(0, +\infty)$ 内 $y' > 0$, 所以函数 $y = \mathrm{e}^x -$

$x+1$ 在$(-\infty,0)$ 上单调减少,在$(0,+\infty)$ 内单调增加。

(2) 函数的定义域为$(-\infty,0) \bigcup (0,+\infty)$

$$y' = \frac{1}{x} \quad (x \neq 0)$$

当 $x < 0$ 时,$y' < 0$;当 $x > 0$ 时,$y' > 0$,故函数 $y = \ln |x|$ 的单调减少区间为$(-\infty,0)$,单调增加区间为$(0,+\infty)$。

5.**解** (1) 函数的定义域为$(-\infty,+\infty)$

$$f'(x) = 3x^2 - 6x = 3x(x-2)$$

令 $f'(x) = 0$,得驻点为 $x_1 = 0, x_2 = 2$,列表 1 讨论:

表 1

x	$(-\infty,0)$	0	$(0,2)$	2	$(2,+\infty)$
$f'(x)$	+	0	−	0	+
$f(x)$	↗	极大值 $f(0)$	↘	极小值 $f(2)$	↗

结论:函数的单调增加区间为$(-\infty,0)$ 和$(2,+\infty)$,单调减少区间为$(0,2)$。极大值为 $f(0) = 0$,极小值为 $f(2) = -4$。

(2) 函数的定义域为$(-1,+\infty)$

$$f'(x) = 1 - \frac{1}{1+x} = \frac{x}{1+x}$$

令 $f'(x) = 0$,得驻点 $x = 0$,列表 2 讨论:

表 2

x	$(-1,0)$	0	$(0,+\infty)$
$f'(x)$	−	0	+
$f(x)$	↘	极小值 $f(0)$	↗

结论:函数的单调减少区间为$(-1,0)$,单调增加区间为$(0,+\infty)$,极小值为 $f(0) = 0$,无极大值。

(3) 函数 $f(x)$ 的定义域为$(-\infty,+\infty)$。

$$f'(x) = 2(x-1)^{-\frac{1}{3}} \quad (x \neq 1)$$

当 $x = 1$ 时,$f'(x)$ 不存在,但 $f(x)$ 在 $x = 1$ 处连续,列表 3 讨论:

表 3

x	$(-\infty,1)$	1	$(1,+\infty)$
$f'(x)$	−		+
$f(x)$	↘	极小值 $f(1)$	↗

结论:函数的单调减少区间为$(-\infty,1)$,单调增加区间为$(1,+\infty)$,极小值为 $f(1) = 1$。

6. 解 （1）函数的定义域为$(-\infty,+\infty)$

$$y'=3x^2-6x, \quad y''=6(x-1)$$

令 $y''=0$，得 $x=1$。当 $x<1$ 时 $y''<0$；当 $x>1$ 时，$y''>0$。

结论：曲线的凹区间为$(1,+\infty)$，凸区间为$(-\infty,1)$，拐点为$(1,4)$

（2）函数的定义域为$(-\infty,+\infty)$。

$$y'=(1-x)e^{-x}, \quad y''=(x-2)e^{-x}$$

令 $y''=0$，得 $x=2$，当 $x<2$ 时，$y''<0$；当 $x>2$ 时，$y''>0$。

结论：曲线的凸区间为$(-\infty,2)$，凹区间为$(2,+\infty)$，拐点为$(2,2e^{-2})$。

（3）函数的定义域为$(-\infty,+\infty)$

$$y'=4x^3+6x^2, \quad y''=12x(x+1)$$

令 $y''=0$，得 $x=-1,x=0$，列表4讨论：

表 4

x	$(-\infty,-1)$	-1	$(-1,0)$	0	$(0,+\infty)$
y''	$+$	0	$-$	0	$+$
y	$\cup$	拐点$(-1,-1)$	$\cap$	拐点$(0,0)$	$\cup$

结论：曲线的凹区间为：$(-\infty,-1),(0,+\infty)$；凸区间为：$(-1,0)$，拐点为$(-1,-1),(0,0)$。

7. 解 （1）$f'(x)=6x^2-6x-12=6(x+1)(x-2)$

令 $f'(x)=0$，得驻点 $x_1=-1,x_2=2$，由于

$$f(-1)=7, \quad f(2)=-20, \quad f(-2)=-4, \quad f(3)=-9$$

因此，最大值

$$M=\max\{f(-2),f(-1),f(2),f(3)\}=7$$

最小值

$$m=\min\{f(-2),f(-1),f(2),f(3)\}=-20$$

（2）$f'(x)=\dfrac{(1+x^2)-x\cdot 2x}{(1+x^2)^2}=\dfrac{1-x^2}{(1+x^2)^2}$

令 $f'(x)=0$，得驻点 $x_1=-1,x_2=1$，由于

$$f(-1)=-\frac{1}{2}, \quad f(1)=\frac{1}{2}, \quad f(-2)=-\frac{2}{5}, \quad f(2)=\frac{2}{5}$$

因此，最大值

$$M=\max\{f(-2),f(-1),f(1),f(2)\}=\frac{1}{2}$$

最小值

$$m = \min\{f(-2), f(-1), f(1), f(2)\} = -\frac{1}{2}$$

8.解 设所用材料费为 C，正面长为 x，则宽为 $\dfrac{6}{x}$，材料费函数

$$C(x) = 10x + 5x + 2\left(5 \times \frac{6}{x}\right) = 15x + \frac{60}{x}, \quad x \in (0, +\infty)$$

$$\frac{\mathrm{d}C}{\mathrm{d}x} = 15 - \frac{60}{x^2} = \frac{15}{x^2}(x^2 - 4)$$

令 $\dfrac{\mathrm{d}C}{\mathrm{d}x} = 0$，得 $x = 2$。当 $0 < x < 2$ 时，$\dfrac{\mathrm{d}C}{\mathrm{d}x} < 0$；当 $x > 2$ 时，$\dfrac{\mathrm{d}C}{\mathrm{d}x} > 0$，故材料费最小值

$$\min C(x) = C(2) = \left(15x + \frac{60}{x}\right)\Big|_{x=2} = 60$$

结论：当场地长为 2 m，宽为 3 m 时，所用材料费最省。

9.解 平均成本 $\overline{C}(Q) = \dfrac{C(Q)}{Q} = \dfrac{54}{Q} + 18 + 6Q$

$$\frac{\mathrm{d}\overline{C}}{\mathrm{d}Q} = \frac{54}{-Q^2} + 6 = \frac{6(Q^2 - 9)}{Q^2}$$

令 $\dfrac{\mathrm{d}\overline{C}}{\mathrm{d}Q} = 0$，得 $Q = 3$（$Q = -3$ 舍去），即产量 $Q = 3$ 时可使平均成本达到最小。

自 测 试 题

一、1.√ 2.× 3.× 4.×

二、1.B 2.A 3.D 4.C

三、1. 2 2. $[0, +\infty)$ 3. $x = 1$ 4. $(1, +\infty)$ 5. $(-1, 0)$ 6. 1, e

四、(1) $\dfrac{1}{2}$ (2) $\dfrac{1}{4}$ (3) -1 (4) 0

五、单调减少区间为 $(-\infty, 0)$，单调增加区间为 $(0, +\infty)$，极小值 $f(0) = 2$，凹区间为 $(-\infty, +\infty)$，没有拐点。

六、收益 $R(Q) = 100Q - Q^2$，利润

$$L(Q) = R(Q) - C(Q) = -\frac{Q^3}{3} + 6Q^2 - 11Q - 50$$

$$L'(Q) = -(Q - 1)(Q - 11)$$

产量为 11 时利润最大，最大利润：$L_{\max} = L(11) = 111\dfrac{1}{3}$。

第五章

综合练习

1. (1) $f(x)$ (2) $f(x)+C$ (3) $xe^{x^2}+C$ (4) $-9\sin3x$ (5) 1

2. **解**   (1) $\displaystyle\int\frac{(1+x)^2}{x(1+x)}\mathrm{d}x=\int\frac{1+2x+x^2}{x(1+x^2)}\mathrm{d}x=\int\left(\frac{1}{x}+\frac{2}{1+x^2}\right)\mathrm{d}x=$

$$\ln\mid x\mid+2\arctan x+C$$

(2) $\displaystyle\int\left(3^x\mathrm{e}^x+\sin^2\frac{x}{2}\right)\mathrm{d}x=\int\left[(3\mathrm{e})^x+\frac{1-\cos x}{2}\right]\mathrm{d}x=$

$$\frac{(3\mathrm{e})^x}{\ln(3\mathrm{e})}+\frac{x}{2}-\frac{1}{2}\sin x+C$$

(3) $\displaystyle\int\frac{1}{x^2(x^2+2)}\mathrm{d}x=\frac{1}{2}\int\frac{x^2+2-x^2}{x^2(x^2+2)}\mathrm{d}x=\frac{1}{2}\int\left(\frac{1}{x^2}-\frac{1}{x^2+2}\right)\mathrm{d}x=$

$$-\frac{1}{2x}-\frac{1}{2\sqrt{2}}\arctan\frac{x}{\sqrt{2}}+C$$

(4) $\displaystyle\int\frac{\cos2x}{\cos x+\sin x}\mathrm{d}x=\int\frac{\cos^2x-\sin^2x}{\cos x+\sin x}\mathrm{d}x=\int(\cos x-\sin x)\mathrm{d}x=$

$$\sin x+\cos x+C$$

3. **解**   (1) $\displaystyle\int x^2\mathrm{e}^{-x^3}\mathrm{d}x=-\frac{1}{3}\int\mathrm{e}^{-x^3}\mathrm{d}(-x^3)=-\frac{1}{3}\int\mathrm{d}\mathrm{e}^{-x^3}=-\frac{1}{3}\mathrm{e}^{-x^3}+C$

(2) $\displaystyle\int\frac{x\mathrm{d}x}{1+x^4}=\frac{1}{2}\int\frac{\mathrm{d}x^2}{1+(x^2)^2}=\frac{1}{2}\arctan x^2+C$

(3) $\displaystyle\int\cos^22x\mathrm{d}x=\int\frac{1+\cos4x}{2}\mathrm{d}x=\frac{x}{2}+\frac{1}{8}\sin4x+C$

(4) $\displaystyle\int\frac{x+2}{x^2+1}\mathrm{d}x=\int\frac{\frac{1}{2}\cdot2x+2}{x^2+1}\mathrm{d}x=\frac{1}{2}\int\frac{2x\mathrm{d}x}{x^2+1}+2\int\frac{\mathrm{d}x}{x^2+1}=$

$$\frac{1}{2}\ln(x^2+1)+2\arctan x+C$$

4. **解**   (1) 令 $t=\sqrt[3]{3x+1}$，则 $x=\dfrac{t^3-1}{3}$，$\mathrm{d}x=t^2\mathrm{d}t$，从而

$$\int\frac{x+1}{\sqrt[3]{3x+1}}\mathrm{d}x=\int\frac{\frac{t^3-1}{3}+1}{t}t^2\mathrm{d}t=\int\left(\frac{1}{3}t^4+\frac{2}{3}t\right)\mathrm{d}t=$$

$$\frac{1}{15}t^5 + \frac{1}{3}t^2 + C = \frac{1}{15}(\sqrt[3]{3x+1})^5 + \frac{1}{3}(\sqrt[3]{3x+1})^2 + C =$$

$$\frac{1}{5}(3x+1)^{\frac{2}{3}}(x+2) + C$$

(2) 令 $x = \sin t(|t| < \frac{\pi}{2})$，$dx = \cos t dt$，$\sqrt{1-x^2} = \cos t$，

$$\int \frac{\sqrt{1-x^2}}{x^4} dx = \int \frac{\cos t}{\sin^4 t} \cos t dt = \int \cot^2 t \csc^2 t dt = -\int \cot^2 t d\cot t =$$

$$-\frac{1}{3}\cot^3 t + C = -\frac{1}{3}\frac{(\sqrt{1-x^2})^3}{x^3} + C$$

(3) $\int \frac{dx}{\sqrt{x^2-2x-3}} = \int \frac{dx}{\sqrt{(x-1)^2-4}} = \int \frac{d(x-1)}{\sqrt{(x-1)^2-4}} =$

$$\ln|x-1+\sqrt{(x-1)^2-4}| + C =$$

$$\ln|x-1+\sqrt{x^2-2x-3}| + C$$

(4) $\int \frac{x+1}{\sqrt{x^2-2x-3}} dx = \frac{1}{2}\int \frac{2x-2+4}{\sqrt{x^2-2x-3}} dx =$

$$\frac{1}{2}\int \frac{d(x^2-2x-3)}{\sqrt{x^2-2x-3}} + 2\int \frac{1}{\sqrt{x^2-2x-3}} dx =$$

$$\sqrt{x^2-2x-3} + 2\ln|x-1+\sqrt{x^2-2x-3}| + C$$

5. 解 (1) $\int x^2 \sin x dx = -\int x^2 d\cos x = -\cos x \cdot x^2 + \int \cos x \cdot 2x dx =$

$$-\cos x \cdot x^2 + \int 2x d\sin x =$$

$$-\cos x \cdot x^2 + 2x \sin x - 2\int \sin x dx =$$

$$-\cos x \cdot x^2 + 2x \sin x + 2\cos x + C$$

(2) $\int \sec^3 x dx = \int \sec x d\tan x = \tan x \cdot \sec x - \int \tan^2 x \cdot \sec x dx =$

$$\tan x \cdot \sec x - \int (\sec^2 x - 1)\sec x dx =$$

$$\tan x \cdot \sec x - \int \sec^3 x dx + \int \sec x dx$$

故 $\int \sec^3 x dx = \frac{1}{2}(\tan x \cdot \sec x + \ln|\sec x + \tan x|) + C$

(3) 令 $\sqrt{x} = t, x = t^2, dx = 2t dt$，

$$\int e^{2\sqrt{x}} dx = \int e^{2t} \cdot 2t dt = \int t de^{2t} = te^{2t} - \int e^{2t} dt = te^{2t} - \frac{1}{2}e^{2t} + C =$$

$$\sqrt{x} e^{2\sqrt{x}} - \frac{1}{2}e^{2\sqrt{x}} + C = e^{2\sqrt{x}}\left(\sqrt{x} - \frac{1}{2}\right) + C$$

(4) 令 $\qquad \sqrt{x} = t, \quad x = t^2, \quad dx = 2t dt$

$$\int \sqrt{x} \ln\sqrt{x} dx = \int t \ln t \cdot 2t dt = 2\int \ln t d\frac{t^3}{3} = \frac{2}{3}\ln t \cdot t^3 - \frac{2}{3}\int t^3 \cdot \frac{1}{t} dt =$$

$$\frac{2}{3}\ln t \cdot t^3 - \frac{2}{9}t^3 + C = \frac{2}{3}x\sqrt{x}\ln\sqrt{x} - \frac{2}{9}x\sqrt{x} + C$$

6. 解 (1) $\int \dfrac{x+3}{x^2 - 5x + 6} dx = \int \left(\dfrac{-5}{x-2} + \dfrac{6}{x-3}\right) dx =$

$$-5\ln|x-2| + 6|x-3| + C$$

(2) $\int \dfrac{dx}{x(x^2+1)} = \int \dfrac{x^2 + 1 - x^2}{x(x^2+1)} dx = \int \left(\dfrac{1}{x} - \dfrac{x}{x^2+1}\right) dx =$

$$\ln|x| - \frac{1}{2}\ln(x^2+1) + C$$

(3) $\int \dfrac{x}{x^2 - 4x + 9} dx = \int \dfrac{x - 2 + 2}{x^2 - 4x + 9} dx =$

$$\int \frac{\frac{1}{2}(2x-4)}{x^2 - 4x + 9} dx + 2\int \frac{dx}{(x-2)^2 + 5} =$$

$$\frac{1}{2}\ln(x^2 - 4x + 9) + \frac{2}{\sqrt{5}}\arctan\frac{x-2}{\sqrt{5}} + C$$

(4) $\int \dfrac{dx}{x(x^6+4)} = \int \dfrac{x^5 dx}{x^6(x^6+4)} = \dfrac{1}{6}\int \dfrac{dx^6}{x^6(x^6+4)} =$

$$\frac{1}{24}\int \left(\frac{1}{x^6} - \frac{1}{x^6+4}\right) dx^6 = \frac{1}{24}(\ln x^6 - \ln(x^6+4)) + C =$$

$$\frac{1}{4}\ln|x| - \frac{1}{24}\ln(x^6+4) + C$$

7. 解 $\int x f'(x) dx = \int x df(x) = x f(x) - \int f(x) dx = x f(x) - \dfrac{\sin x}{x} + C =$

$$x\left(\frac{\sin x}{x}\right)' - \frac{\sin x}{x} + C = x \cdot \frac{x\cos x - \sin x}{x^2} - \frac{\sin x}{x} + C =$$

$$\cos x - 2\frac{\sin x}{x} + C$$

8. 解 (1) 方程属于可分离变量的微分方程。分离变量,得

$$y\mathrm{d}y = \frac{\mathrm{e}^x}{1+\mathrm{e}^x}\mathrm{d}x$$

两端积分,有

$$\frac{1}{2}y^2 = \ln(1+\mathrm{e}^x) + C$$

(2)方程属于可分离变量的微分方程。分离变量,得

$$\frac{y}{y^2-1}\mathrm{d}y = -\frac{x^2+1}{x}\mathrm{d}x$$

两端积分,得

$$\frac{1}{2}\ln|y^2-1| = -\frac{1}{2}x^2 - \ln|x| + C_1$$

化简可得

$$x^2(y^2-1) = C\mathrm{e}^{-x^2}$$

其中
$$C = \pm\mathrm{e}^{2C_1}$$

(3)方程属于一阶线性微分方程。化为标准方程得

$$y' - \frac{1}{3}y = \frac{1}{3}\mathrm{e}^x$$

$$P(x) = -\frac{1}{3}, \quad Q(x) = \frac{1}{3}\mathrm{e}^x$$

$$\mathrm{e}^{\int P(x)\mathrm{d}x} = \mathrm{e}^{\int -\frac{1}{3}\mathrm{d}x} = \mathrm{e}^{-\frac{1}{3}x}$$

$$y = \mathrm{e}^{-\int P(x)\mathrm{d}x}\left[\int Q(x)\mathrm{e}^{\int P(x)\mathrm{d}x}\mathrm{d}x + C\right] = \mathrm{e}^{\frac{1}{3}x}\left[\int\frac{1}{3}\mathrm{e}^x\mathrm{e}^{-\frac{1}{3}x}\mathrm{d}x + C\right] =$$

$$\mathrm{e}^{\frac{1}{3}x}\left[\frac{1}{3}\int\mathrm{e}^{\frac{2}{3}x}\mathrm{d}x + C\right] = \mathrm{e}^{\frac{1}{3}x}\left[\frac{1}{2}\mathrm{e}^{\frac{2}{3}x} + C\right] = \frac{1}{2}\mathrm{e}^x + C\mathrm{e}^{\frac{1}{3}x}$$

(4)方程属于一阶线性微分方程。化为标准方程得

$$y' - \frac{2}{x}y = \frac{1}{2}x$$

$$P(x) = -\frac{2}{x}, \quad Q(x) = \frac{1}{2}x$$

$$\mathrm{e}^{\int P(x)\mathrm{d}x} = \mathrm{e}^{\int -\frac{2}{x}\mathrm{d}x} = \mathrm{e}^{-2\ln x} = x^{-2}$$

$$y = \mathrm{e}^{-\int P(x)\mathrm{d}x}\left[\int Q(x)\mathrm{e}^{\int P(x)\mathrm{d}x}\mathrm{d}x + C\right] = x^2\left[\int\frac{1}{2}x \cdot x^{-2}\mathrm{d}x + C\right] =$$

$$x^2\left(\frac{1}{2}\ln|x| + C\right) = \frac{1}{2}x^2\ln|x| + Cx^2$$

9.**解** 由题意知

$$\frac{dx}{dt}=kx(N-x)，\quad x(0)=\frac{1}{4}N$$

属于可分离变量的微分方程（称为 Logistic 方程），分离变量得

$$\frac{dx}{x(N-x)}=k\,dt$$

即

$$\frac{1}{N}\left(\frac{1}{x-N}-\frac{1}{x}\right)dx=-k\,dt$$

两端积分，有

$$\frac{1}{N}\ln\left|\frac{x-N}{x}\right|=-kt+C_1$$

化简可得

$$x=\frac{N}{1+Ce^{-kNt}}$$

其中

$$C=\pm e^{NC_1}$$

由 $x(0)=\dfrac{1}{4}N$，得 $C=3$。故

$$x(t)=\frac{N}{1+3e^{-kNt}}$$

自测试题

一、1. $\checkmark$　2. $\times$　3. $\times$　4. $\checkmark$

二、1. D　2. C　3. C　4. C

三、1. -4　2. $-x$　3. $\frac{1}{3}(x^3+1)^2+C$　4. $xf'(x)-f(x)+C$

四、1. $\frac{1}{2}\ln(1+x^2)+\frac{1}{3}\arctan^3 x+C$

2. $\frac{2}{5}(x-1)^{\frac{5}{2}}+\frac{2}{3}(x-1)^{\frac{3}{2}}+C$

3. $(x+2)\sin x+\cos x+C$

4. $\frac{1}{2}x^2+x+\ln|x-1|+C$

5. $2x\sqrt{e^x-1}-4\sqrt{e^x-1}+4\arctan x\sqrt{e^x-1}+C$

五、1. $2e^{-y}+e^{2x}-3=0$，即 $y=-\ln\left(\frac{3}{2}-\frac{1}{2}e^{2x}\right)$

2. $y = C(x+1)^2 - \dfrac{2}{3}(x+1)^{\frac{7}{2}}$

六、$y = 2x - x\ln x$

第六章

综合练习

1. (1) $\dfrac{1}{2}\pi a^2$　(2) $\dfrac{1}{4}\pi$　(3) $>$　(4) $3x^2 e^{x^6}$

2. 解　(1) $\displaystyle\lim_{x\to 0}\frac{\displaystyle\int_0^{2x}\frac{\sin^2 t}{t}\mathrm{d}t}{4x^2} \xlongequal{\text{``}\frac{0}{0}\text{''}} \lim_{x\to 0}\frac{\frac{\sin^2 2x}{2x}\cdot 2}{8x} = \lim_{x\to 0}\frac{1}{2}\left(\frac{\sin 2x}{2x}\right)^2 = \frac{1}{2}$

(2) $\displaystyle\lim_{x\to\infty}\frac{\left(\displaystyle\int_0^x e^{t^2}\,\mathrm{d}t\right)^2}{\displaystyle\int_0^x e^{2x^2}\,\mathrm{d}t} \xlongequal{\text{``}\frac{\infty}{\infty}\text{''}} \lim_{x\to\infty}\frac{2\displaystyle\int_0^x e^{t^2}\,\mathrm{d}t \cdot e^{x^2}}{e^{2x^2}} = \lim_{x\to\infty}\frac{2\displaystyle\int_0^x e^{t^2}\,\mathrm{d}t}{e^{x^2}} \xlongequal{\text{``}\frac{\infty}{\infty}\text{''}}$

$$\lim_{x\to\infty}\frac{2e^{x^2}}{2xe^{x^2}} = 0$$

3. 解
$$F'(x) = e^{x^4}\cdot 2x - e^{-x^2}$$
$$F'(1) = 2e - e^{-1}$$

4. 解　(1) $\displaystyle\int_0^2 \frac{\mathrm{d}x}{\sqrt{16-x^2}} = \arcsin\frac{x}{4}\Big|_0^2 = \frac{\pi}{6}$

(2) $\displaystyle\int_{-1}^2 |x-1|\,\mathrm{d}x = \int_{-1}^1 (1-x)\,\mathrm{d}x + \int_1^2 (x-1)\,\mathrm{d}x =$

$$\left(x - \frac{x^2}{2}\right)\Big|_{-1}^1 + \left(\frac{x^2}{2} - x\right)\Big|_1^2 = \frac{5}{2}$$

(3) $\displaystyle\int_0^{\frac{\sqrt2}{2}} \frac{x+2}{\sqrt{1-x^2}}\,\mathrm{d}x = (-\sqrt{1-x^2} + 2\arcsin x)\Big|_0^{\frac{\sqrt2}{2}} =$

$$1 + \frac{\pi}{2} - \frac{\sqrt2}{2}$$

(4) $\displaystyle\int_{-\pi}^{\pi} \sqrt{1-\cos 2x}\,\mathrm{d}x = \int_{-\pi}^{\pi}\sqrt{2\sin^2 x}\,\mathrm{d}x = \sqrt2\int_{-\pi}^{\pi}|\sin x|\,\mathrm{d}x =$

$$\sqrt2\int_{-\pi}^0 -\sin x\,\mathrm{d}x + \sqrt2\int_0^{\pi}\sin x\,\mathrm{d}x =$$

$$\sqrt{2}\cos x \mid_{-\pi}^{0} - \sqrt{2}\cos x \Big|_{0}^{\pi} = 4\sqrt{2}$$

5. 解 （1）令 $x = \sin t$，则 $\mathrm{d}x = \cos t \mathrm{d}t$，且当 $x = 0$ 时，$t = 0$，当 $x = 1$ 时，$t = \dfrac{\pi}{2}$，故有

$$\int_{0}^{1} \sqrt{1 - x^2}\,\mathrm{d}x = \int_{0}^{\frac{\pi}{2}} \cos t \cdot \cos t \mathrm{d}t = \int_{0}^{\frac{\pi}{2}} \cos^2 t \mathrm{d}t = \int_{0}^{\frac{\pi}{2}} \frac{1 + \cos 2t}{2}\,\mathrm{d}t =$$

$$\left(\frac{t}{2} + \frac{1}{4}\sin 2t \right) \Big|_{0}^{\frac{\pi}{2}} = \frac{\pi}{4}$$

（2）$\displaystyle\int_{-\frac{\pi}{2}}^{\frac{\pi}{2}} (\cos^4 x \sin x + \cos 2x)\,\mathrm{d}x = 0 + 2\int_{0}^{\frac{\pi}{2}} \cos 2x \mathrm{d}x = \sin 2x \Big|_{0}^{\frac{\pi}{2}} = 0$

（3）令 $t = \sqrt{x}$，则 $x = t^2$，$\mathrm{d}x = 2t\mathrm{d}t$，且当 $x = 0$ 时，$t = 0$，当 $x = 4$ 时，$t = 2$，故有

$$\int_{0}^{4} \frac{\mathrm{d}x}{1 + \sqrt{x}} = \int_{0}^{2} \frac{2t\mathrm{d}t}{1 + t} = 2\int_{0}^{2} \left(1 - \frac{1}{1 + t} \right)\,\mathrm{d}t = 2(t - \ln(1 + t)) \mid_{0}^{2} =$$

$$2(2 - \ln 3) = 4 - 2\ln 3$$

（4）令 $x = \sec t$，则 $\mathrm{d}x = \sec t \cdot \tan t \mathrm{d}t$，且当 $x = 1$ 时，$t = 0$，当 $x = 2$ 时，$t = \dfrac{\pi}{3}$，故有

$$\int_{1}^{2} \frac{\sqrt{x^2 - 1}}{x^4}\,\mathrm{d}x = \int_{0}^{\frac{\pi}{3}} \frac{\tan^2 t \cdot \sec t \mathrm{d}t}{\sec^4 t} = \int_{0}^{\frac{\pi}{3}} \frac{\tan^2 t}{\sec^3 t}\,\mathrm{d}t =$$

$$\int_{0}^{\frac{\pi}{3}} \sin^2 t \cos t \mathrm{d}t = \frac{1}{3}\sin^3 t \Big|_{0}^{\frac{\pi}{3}} = \frac{\sqrt{3}}{8}$$

6. 解 （1）$\displaystyle\int_{0}^{1} x^2 e^x \mathrm{d}x = \int_{0}^{1} x^2 \mathrm{d}e^x = x^2 e^x \Big|_{0}^{1} - \int_{0}^{1} e^x \cdot 2x \mathrm{d}x = e - 2\int_{0}^{1} x \mathrm{d}e^x =$

$$e - 2\left[(xe^x) \Big|_{0}^{1} - \int_{0}^{1} e^x \mathrm{d}x \right] = e - 2[e - (e - 1)] =$$

$$e - 2$$

（2）$\displaystyle\int_{0}^{\frac{\sqrt{2}}{2}} \arcsin x \mathrm{d}x = x \arcsin x \Big|_{0}^{\frac{\sqrt{2}}{2}} - \int_{0}^{\frac{\sqrt{2}}{2}} x\,\frac{\mathrm{d}x}{\sqrt{1 - x^2}} =$

$$\frac{\sqrt{2}}{2} \cdot \frac{\pi}{4} + \sqrt{1 - x^2} \Big|_{0}^{\frac{\sqrt{2}}{2}} = \frac{\sqrt{2}}{8}\pi + \frac{\sqrt{2}}{2} - 1$$

（3）$\displaystyle\int_{1}^{e} \frac{\ln x}{x^2}\,\mathrm{d}x = \int_{1}^{e} \ln x \mathrm{d}\left(-\frac{1}{x} \right) = \left(-\frac{1}{x}\ln x \right) \Big|_{1}^{e} + \int_{1}^{e} \frac{1}{x} \cdot \frac{1}{x}\,\mathrm{d}x =$

$$-\frac{1}{e} - \frac{1}{x} \Big|_{1}^{e} = 1 - \frac{2}{e}$$

(4) 令 $\sqrt{2x-1}=t$，则 $x=\dfrac{t^2+1}{2}$，$\mathrm{d}x=t\mathrm{d}t$，且当 $x=\dfrac{1}{2}$ 时，$t=0$；当 $x=1$ 时，$t=1$，故有

$$\int_{\frac{1}{2}}^{1} \mathrm{e}^{-\sqrt{2x-1}}\mathrm{d}x = \int_0^1 \mathrm{e}^{-t}\cdot t\mathrm{d}t = \int_0^1 t\mathrm{d}(-\mathrm{e}^{-t}) = (-t\mathrm{e}^{-t})\mid_0^1 + \int_0^1 \mathrm{e}^{-t}\mathrm{d}t =$$
$$-\mathrm{e}^{-1} + (-\mathrm{e}^{-t})\mid_0^1 = 1-2\mathrm{e}^{-1}$$

7. 证明 令 $\dfrac{\pi}{2}-x=t$，则 $x=\dfrac{\pi}{2}-t$，$\mathrm{d}x=-\mathrm{d}t$；且当 $x=0$ 时，$t=\dfrac{\pi}{2}$，当 $x=\pi$ 时，$t=-\dfrac{\pi}{2}$，故有

$$\int_0^\pi xf(\sin x)\mathrm{d}x = \int_{\frac{\pi}{2}}^{-\frac{\pi}{2}}\left(\frac{\pi}{2}-t\right)f(\cos t)(-\mathrm{d}t) = \int_{-\frac{\pi}{2}}^{\frac{\pi}{2}}\left(\frac{\pi}{2}-t\right)f(\cos t)\mathrm{d}t =$$
$$\frac{\pi}{2}\int_{-\frac{\pi}{2}}^{\frac{\pi}{2}}f(\cos t)\mathrm{d}t - \int_{-\frac{\pi}{2}}^{\frac{\pi}{2}}tf(\cos t)\mathrm{d}t =$$
$$\frac{\pi}{2}\times 2\int_0^{\frac{\pi}{2}}f(\cos t)\mathrm{d}t + 0 = \pi\int_0^{\frac{\pi}{2}}f(\cos t)\mathrm{d}t = \pi\int_0^{\frac{\pi}{2}}f(\cos x)\mathrm{d}x$$

8. 解 依题，有

$$f(x) = (x\mathrm{e}^x)' = \mathrm{e}^x + x\mathrm{e}^x = \mathrm{e}^x(1+x)$$
$$\int_0^1 xf'(x)\mathrm{d}x = \int_0^1 x\mathrm{d}f(x) = [xf(x)]\mid_0^1 - \int_0^1 f(x)\mathrm{d}x =$$
$$[x\mathrm{e}^x(1+x)]\mid_0^1 - (x\mathrm{e}^x)\mid_0^1 = 2\mathrm{e}-\mathrm{e} = \mathrm{e}$$

9. 解 $(1)A = \int_0^{2\pi}|\sin x|\mathrm{d}x = \int_0^\pi \sin x\mathrm{d}x + \int_\pi^{2\pi}(-\sin x)\mathrm{d}x =$

$$(-\cos x)\Big|_0^\pi + \cos x\Big|_\pi^{2\pi} = 2+2 = 4$$

$(2)A = \int_0^1 (\mathrm{e}^x-\mathrm{e}^{-x})\mathrm{d}x = (\mathrm{e}^x+\mathrm{e}^{-x})\mid_0^1 = \mathrm{e}+\mathrm{e}^{-1}-(1+1) = \mathrm{e}+\mathrm{e}^{-1}-2$

$(3)A = \int_1^8 \sqrt[3]{y}\mathrm{d}y = \int_1^8 y^{\frac{1}{3}}\mathrm{d}y = \frac{3}{4}y^{\frac{4}{3}}\Big|_1^8 = \frac{3}{4}(2^4-1) = \frac{45}{4}$

10. 解 $A = \int_0^1 x\mathrm{d}x + \int_1^2 \frac{1}{x}\mathrm{d}x = \frac{x^2}{2}\Big|_0^1 + \ln x\Big|_1^2 = \frac{1}{2}+\ln 2$

$$V = \pi\int_0^1 x^2\mathrm{d}x + \pi\int_1^2 x^{-2}\mathrm{d}x = \pi\left(\frac{1}{3}x^3\right)\Big|_0^1 + \pi\left(-\frac{1}{x}\right)\Big|_1^2 =$$
$$\frac{\pi}{3}+\frac{\pi}{2} = \frac{5}{6}\pi$$

11. 解 $Q = \int_4^8 Q'(t)\mathrm{d}t = \int_4^8 (100 + 10t - 0.9t^2)\mathrm{d}t =$
$$(100t + 5t^2 - 0.3t^3)\,|_4^8 = 505.6\ (\text{吨})$$

12. 解 $C(x) - C(0) = \int_0^x C'(t)\mathrm{d}t = \int_0^x \left(4 + \frac{t}{4}\right)\mathrm{d}t = 4x + \frac{x^2}{8}$

故总成本函数为
$$C(x) = C(0) + \int_0^x C'(t)\mathrm{d}t = 1 + 4x + \frac{x^2}{8}$$

$$R(x) - R(0) = \int_0^x R'(t)\mathrm{d}t = \int_0^x (8 - t)\mathrm{d}t = 8x - \frac{x^2}{2}$$

故总收益函数为
$$R(x) = R(0) + \int_0^x R'(t)\mathrm{d}t = 0 + 8x - \frac{x^2}{2} = 8x - \frac{x^2}{2}$$

总利润函数为
$$P(x) = R(x) - C(x) = \left(8x - \frac{x^2}{2}\right) - \left(1 + 4x + \frac{x^2}{8}\right) = -1 + 4x - \frac{5}{8}x^2$$

令 $P'(x) = R'(x) - C'(x) = 4 - \frac{5}{4}x = 0$，得 $x = \frac{16}{5}$，又 $P''(x) = -\frac{5}{4} < 0$，故

当 $x = \frac{16}{5}$（百台）时，总利润最大，最大总利润为 $P\left(\frac{16}{5}\right) = 5.4$（万元）。

13. 解 （1）因为
$$\lim_{b \to +\infty} \int_0^b x\mathrm{e}^{-x}\mathrm{d}x = \lim_{b \to +\infty} \int_0^b x\mathrm{d}(-\mathrm{e}^{-x}) = \lim_{b \to +\infty} \left[x(-\mathrm{e}^{-x})\,\Big|_0^b + \int_0^b \mathrm{e}^{-x}\mathrm{d}x\right] =$$
$$\lim_{b \to +\infty} \left(-b\mathrm{e}^{-b} - (\mathrm{e}^{-x})\,\Big|_0^b\right) = \lim_{b \to +\infty} (-b\mathrm{e}^{-b} - \mathrm{e}^{-b} + 1) = 1$$

所以广义积分 $\int_0^{+\infty} x\mathrm{e}^{-x}\mathrm{d}x$ 收敛，且其值为 1。

（2）$\int_{-\infty}^{+\infty} \frac{\mathrm{d}x}{x^2 + 4x + 9} = \int_{-\infty}^0 \frac{\mathrm{d}x}{x^2 + 4x + 9} + \int_0^{+\infty} \frac{\mathrm{d}x}{x^2 + 4x + 9}$

因为
$$\lim_{b \to +\infty} \int_0^b \frac{\mathrm{d}x}{x^2 + 4x + 9} = \lim_{b \to +\infty} \int_0^b \frac{\mathrm{d}x}{(x+2)^2 + 5} = \lim_{b \to +\infty} \frac{1}{\sqrt{5}} \arctan \frac{x+2}{\sqrt{5}}\,\Big|_0^b =$$
$$\lim_{b \to +\infty} \frac{1}{\sqrt{5}}\left(\arctan \frac{b+2}{\sqrt{5}} - \arctan \frac{2}{\sqrt{5}}\right) =$$
$$\frac{1}{\sqrt{5}}\left(\frac{\pi}{2} - \arctan \frac{2}{\sqrt{5}}\right)$$

所以广义积分 $\displaystyle\int_0^{+\infty}\dfrac{\mathrm{d}x}{x^2+4x+9}$ 收敛，且其值为 $\dfrac{1}{\sqrt5}\left(\dfrac{\pi}{2}-\arctan\dfrac{2}{\sqrt5}\right)$。

同理可知，广义积分 $\displaystyle\int_{-\infty}^0\dfrac{\mathrm{d}x}{x^2+4x+9}$ 收敛，且其值为 $\dfrac{1}{\sqrt5}\left(\arctan\dfrac{2}{\sqrt5}+\dfrac{\pi}{2}\right)$。从而广义积分 $\displaystyle\int_{-\infty}^{+\infty}\dfrac{\mathrm{d}x}{x^2+4x+9}$ 收敛，且收敛于 $\dfrac{\pi}{\sqrt5}$。

（3）因为 $\displaystyle\lim_{x\to1^+}\dfrac{1}{\sqrt{1-x^2}}=+\infty$，故 $x=-1$ 为瑕点. 又因为

$$\lim_{\varepsilon\to0^+}\int_{-1+\varepsilon}^0\dfrac{\mathrm{d}x}{\sqrt{1-x^2}}=\lim_{\varepsilon\to0^+}\arcsin x\,\Big|_{-1+\varepsilon}^0=\lim_{\varepsilon\to0^+}(0-\arcsin(-1+\varepsilon))=\dfrac{\pi}{2}$$

所以广义积分 $\displaystyle\int_{-1}^0\dfrac{\mathrm{d}x}{\sqrt{1-x^2}}$ 收敛，且其值为 $\dfrac{\pi}{2}$。

（4）因为 $\displaystyle\lim_{x\to0}\dfrac{1}{x^2}\mathrm{d}x=+\infty$，故 $x=0$ 为瑕点. 又因为

$$\lim_{\varepsilon\to0^+}\int_\varepsilon^1\dfrac{1}{x^2}\mathrm{d}x=\lim_{\varepsilon\to0^+}\left(-\dfrac{1}{x}\right)\,\Big|_\varepsilon^1=\lim_{\varepsilon\to0^+}\left(-1+\dfrac{1}{\varepsilon}\right)=+\infty$$

所以广义积分 $\displaystyle\int_0^1\dfrac{1}{x^2}\mathrm{d}x$ 发散。

自测试题

一、1. $\checkmark$　2. $\times$　3. $\times$　4. $\times$

二、1. D　2. C　3. C　4. A

三、1. $\dfrac{1}{\sqrt x}$　2. 0　3. 2　4. 5

四、1. $2(\mathrm{e}^2-\mathrm{e})$　2. $\dfrac{2}{9}(\mathrm{e}^{\frac{3}{2}}+2)$　3. $\dfrac{\mathrm{e}}{2}(\sin1+\cos1)-\dfrac{1}{2}$

4. $\ln3-2\ln2$　5. $2\sqrt2-2$

五、当 $k>1$ 时，收敛，其值为 $\dfrac{1}{(k-1)\ln^{k-1}2}$，当 $k\leqslant1$ 时，发散

六、$\dfrac{17}{4}$

七、$\dfrac{\pi^2}{2}$

八、(1) 总成本函数 $C(Q) = 8 + 3Q + \dfrac{1}{4}Q^2$

(2) 产量为 16 件时,总利润最大,最大总利润为 120 百元

第七章

综合练习

1.(1)3(因 $d = |M_1 M_2|) = \sqrt{(-1-1)^2 + (0-2)^2 + (2-1)^2} = 3$)

(2)$2 + \ln 5$(因 $f(e, 2e) = \ln[e^2 + (2e)^2] = 2 + \ln 5$)

(3)z 轴(因方程 $x^2 - y^2 = 1$ 不含 z)

(4)$x^2 y^2, xy^3$(因 $dz = \dfrac{\partial z}{\partial x}dx + \dfrac{\partial z}{\partial y}dy$,又 $dz = x^2 y^2 dx + xy^3 dy$,故 $\dfrac{\partial z}{\partial x} = x^2 y^2, \dfrac{\partial z}{\partial y} = xy^3$)

(5)$3dx - 2dy$ (因 $u_x = \dfrac{3}{3x-2y}, u_y = \dfrac{-2}{3x-2y}$,$du|_{(1,1)} = (u_x dx + u_y dy)|_{(1,1)} = 3dx - 2dy$)

(6)$(0,0)$,小,0(因 $z = f(x,y) = \sqrt{x^2 + y^2} > f(0,0) = 0, (x,y) \neq (0,0)$,故函数在 $(0,0)$ 取得极小值 $f(0,0) = 0$)

(7)驻

(8)$vu^{v-1}du + u^v \ln u dv$(因 $z_u = vu^{v-1}, z_v = u^v \ln u$,故 $dz = z_u du + z_v dv = vu^{v-1}du + u^v \ln u dv$)

(9)2(因 $z_x = 2x\sin y, z_{xy} = 2x\cos y, z_{xy}|_{(1,0)} = 2$)

(10)$-\dfrac{2xy}{2z + \cos z}$ (因方程 $\sin z(x,y) + xy^2 + z^2(x,y) = 0$ 两边对 y 求偏导数,得 $\cos z \cdot z_y + x \cdot 2y + 2z \cdot z_y = 0, z_y = \dfrac{-2xy}{2z + \cos z}$)

2.**解** (1)$x^2 + y^2 - 2 \geqslant 0$,即 $x^2 + y^2 \geqslant 2$

(2)$\left| \dfrac{x^2 + y^2}{3} \right| \leqslant 1$,即 $x^2 + y^2 \leqslant 3$

(3)$\begin{cases} 4x - y^2 \geqslant 0 \\ 1 - x^2 - y^2 > 0 \quad \text{且 } 1 - x^2 - y^2 \neq 1 \end{cases}$

即 $\begin{cases} x \geqslant \dfrac{y^2}{4} \\ x^2 + y^2 < 1 \quad \text{且 } x^2 + y^2 \neq 0 \end{cases}$

从而 $\begin{cases} x \geqslant \dfrac{y^2}{4} \\ 0 < x^2 + y^2 < 1 \end{cases}$

3. 解　因为 $f(x,y) = 3x + 2y$，所以

$f(xy, f(x,y)) = f(xy, 3x+2y) = 3(xy) + 2(3x+2y) = 3xy + 6x + 4y$

4. 解　$(1)\, z_x = \dfrac{1}{\tan\dfrac{x}{y}} \cdot \sec^2 \dfrac{x}{y} \cdot \dfrac{1}{y} = \dfrac{2}{y} \csc \dfrac{2x}{y}$

$z_y = \dfrac{1}{\tan\dfrac{x}{y}} \cdot \sec^2 \dfrac{x}{y} \cdot \left(-\dfrac{x}{y^2}\right) = -\dfrac{2x}{y^2} \csc \dfrac{2x}{y}$

$(2)\, z_x = \dfrac{2\sin x \cdot \cos x}{2\sqrt{\sin^2 x + \sin^2 y}} = \dfrac{\sin 2x}{2\sqrt{\sin^2 x + \sin^2 y}}$

$z_y = \dfrac{2\sin y \cos y}{2\sqrt{\sin^2 x + \sin^2 y}} = \dfrac{\sin 2y}{2\sqrt{\sin^2 x + \sin^2 y}}$

$(3)\, z_x = y^2 + (-e^{-x}\sin(x+2y) + e^{-x}\cos(x+2y)) = y^2 + e^{-x}(\cos(x+2y)$
$-\sin(x+2y))$

$z_y = 2xy + e^{-x}\cos(x+2y) \cdot 2 = 2xy + 2e^{-x}\cos(x+2y)$

(4) 　$z_x = \dfrac{-2x}{y - x^2}, \quad z_x\,|_{(0,1)} = 0$

$z_y = \dfrac{1}{y - x^2}, \quad z_y\,|_{(0,1)} = 1$

5. 解　$(1)\, z_x = 4x^3 - 8xy, \quad z_y = 3y^2 - 4x^2$

$z_{xx} = 12x^2 - 8y, \quad z_{xy} = -8x = z_{yx}, \quad z_{yy} = 6y$

$(2)\, z_x = \dfrac{1}{1 + \left(\dfrac{y}{x}\right)^2} \left(-\dfrac{y}{x^2}\right) = -\dfrac{y}{x^2 + y^2}$

$z_y = \dfrac{1}{1 + \left(\dfrac{y}{x}\right)^2} \left(\dfrac{1}{x}\right) = \dfrac{x}{x^2 + y^2}$

$z_{xx} = \dfrac{y \cdot 2x}{(x^2 + y^2)^2} = \dfrac{2xy}{(x^2 + y^2)^2}$

$$z_{xy} = -\frac{(x^2 + y^2) - y \cdot 2y}{(x^2 + y^2)^2} = \frac{y^2 - x^2}{(x^2 + y^2)^2}$$

$$z_{yx} = \frac{x^2 + y^2 - x \cdot 2x}{(x^2 + y^2)^2} = \frac{y^2 - x^2}{(x^2 + y^2)^2}$$

$$z_{yy} = -\frac{x \cdot 2y}{(x^2 + y^2)^2} = -\frac{2xy}{(x^2 + y^2)^2}$$

6. 解　$(1) z_x = -\sin x \cdot y^2, z_y = 2y\cos x$

$dz = z_x dx + z_y dy = -y^2 \sin x dx + 2y\cos x dy$

$(2) z_x = \cos x \cdot e^y, z_y = e^y \sin x$

$dz = \cos x \cdot e^y dx + \sin x \cdot e^y dy = e^y(\cos x dx + \sin x dy)$

$dz \mid_{(\frac{\pi}{4}, 0)} = \frac{\sqrt{2}}{2}(dx + dy)$

7. 解　$\dfrac{dz}{dt} = \dfrac{\partial z}{\partial x} \cdot \dfrac{dx}{dt} + \dfrac{\partial z}{\partial y} \cdot \dfrac{dy}{dt} = e^{x-2y} \cdot \cos t + (-2)e^{x-2y} 2t =$

$\quad e^{x-2y}(\cos t - 4t) = e^{\sin t - 2t^2}(\cos t - 4t)$

8. 解　$\dfrac{\partial z}{\partial x} = \dfrac{\partial z}{\partial u} \cdot \dfrac{\partial u}{\partial x} + \dfrac{\partial z}{\partial v} \cdot \dfrac{\partial v}{\partial x} = 2u \cdot v^3 \cdot 1 + 3u^2 \cdot v^2 \cdot 1 =$

$\quad uv^2(2v + 3u) = (x + 4y)(x - y)^2(2x - 2y + 3x + 12y) =$

$\quad (x + 4y)(x - y)^2(5x + 10y) =$

$\quad 5(x + 4y)(x + 2y)(x - y)^2$

$\dfrac{\partial z}{\partial y} = \dfrac{\partial z}{\partial u} \cdot \dfrac{\partial u}{\partial y} + \dfrac{\partial z}{\partial v} \cdot \dfrac{\partial v}{\partial y} = 2uv^3(4) + 3u^2 v^2(-1) = uv^2(8v - 3u)$

$\quad (x + 4y)(x - y)^2(5x - 20y) = 4(x + 4y)(x - y)^2(x - 4y)$

9. 解　方程 $\sin y + e^x - xy^2 = 0$ 两端关于 x 求导(y 是 x 的函数),有

$$\cos y \cdot \frac{dy}{dx} + e^x - y^2 - x \cdot 2y \cdot \frac{dy}{dx} = 0$$

$$(\cos y - 2xy)\frac{dy}{dx} = y^2 - e^x$$

$$\frac{dy}{dx} = \frac{y^2 - e^x}{\cos y - 2xy}$$

10. 解　方程 $e^z - 2x^2 yz = 0$ 两端关于 x 求导(y 是常数,z 是 x 和 y 的函数),有

$$e^z \frac{\partial z}{\partial x} - 4xyz - 2x^2 y \frac{\partial z}{\partial x} = 0$$

$$\frac{\partial z}{\partial x} = \frac{4xyz}{\mathrm{e}^z - 2x^2 y}$$

类似地,方程 $\mathrm{e}^z - 2x^2 yz = 0$ 两端关于 y 求导,有

$$\mathrm{e}^z \cdot \frac{\partial z}{\partial y} - 2x^2 z - 2x^2 y \frac{\partial z}{\partial y} = 0$$

$$\frac{\partial z}{\partial y} = \frac{2x^2 z}{\mathrm{e}^z - 2x^2 y}$$

11.解 $\quad \dfrac{\partial z}{\partial x} = y + F(u) + xF'(u)\left(-\dfrac{y}{x^2}\right) = y + F(u) - \dfrac{y}{x}F'(u)$

$$\frac{\partial z}{\partial y} = x + xF'(u) \cdot \frac{1}{x} = x + F'(u)$$

从而

$$x\frac{\partial z}{\partial x} + y\frac{\partial z}{\partial y} = x\left(y + F(u) - \frac{y}{x}F'(u)\right) + y(x + F'(u)) =$$

$$xy + xF(u) + xy = z + xy$$

12.解 $\quad f_x = \mathrm{e}^{x-y}(x^2 - 2y^2) + \mathrm{e}^{x-y} \cdot 2x = \mathrm{e}^{x-y}(x^2 + 2x - 2y^2)$

$f_y = -\mathrm{e}^{x-y}(x^2 - 2y^2) + \mathrm{e}^{x-y}(-4y) = -\mathrm{e}^{x-y}(x^2 - 2y^2 + 4y)$

解方程组 $\quad \begin{cases} x^2 + 2x - 2y^2 = 0 \\ x^2 - 2y^2 + 4y = 0 \end{cases}$

得驻点 $(0,0),(-4,-2)$.

$f_{xx} = \mathrm{e}^{x-y}(x^2 + 2x - 2y^2) + \mathrm{e}^{x-y}(2x + 2) = \mathrm{e}^{x-y}(x^2 + 4x + 2 - 2y^2)$

$f_{xy} = -\mathrm{e}^{x-y}(x^2 + 2x - 2y^2) + \mathrm{e}^{x-y}(-4y) = -\mathrm{e}^{x-y}(x^2 + 2x + 4y - 2y^2)$

$f_{yy} = \mathrm{e}^{x-y}(x^2 - 2y^2 + 4y) - \mathrm{e}^{x-y}(-4y + 4) = \mathrm{e}^{x-y}(x^2 + 8y - 4 - 2y^2)$

在 $(0,0)$ 处, $A = 2 > 0, B = 0, C = -4, B^2 - AC = 8 > 0$,故 $(0,0)$ 不是极值点.

在 $(-4,-2)$ 处, $A = -6\mathrm{e}^{-2} < 0, B = 8\mathrm{e}^{-2}, C = 12\mathrm{e}^{-2}, B^2 - AC = -8\mathrm{e}^{-4} < 0$,故 $(-4,-2)$ 为极大值点,函数的极大值为

$$f(-4,-2) = 8\mathrm{e}^{-2}$$

13.解 由 $2x + y = 1$ 得 $y = 1 - 2x$,代入 $z = x^2 + 2y^2$,得

$$z = x^2 + 2(1 - 2x)^2 = 9x^2 - 8x + 2$$

令 $z_x = 18x - 8 = 0$,得 $x = \dfrac{4}{9}$。

又 $z_{xx} = 18 > 0$,故函数 $z = x^2 + 2y^2$ 在条件 $2x + y = 1$ 下有条件极小值

$$\left(\frac{4}{9}\right)^2 + 2\left(1 - \frac{8}{9}\right)^2 = \frac{2}{9}$$

14.解 依题意,利润函数为

$$f(x,y) = \frac{1}{5}S - 25 = \frac{400x}{5+x} + \frac{200y}{10+y} - 25$$

问题归结为求 $f(x,y)$ 在约束条件 $x + y = 25$ 下的条件极值.

作拉格朗日函数

$$F(x,y,\lambda) = \frac{400x}{5+x} + \frac{200y}{10+y} - 25 + \lambda(x+y-25)$$

由方程组

$$\begin{cases} F'_x = \dfrac{2000}{(5+x)^2} + \lambda = 0 \\[2mm] F'_y = \dfrac{2000}{(10+y)^2} + \lambda = 0 \\[2mm] F'_\lambda = x + y - 25 = 0 \end{cases}$$

解得 $x = 15, y = 10, \lambda = -5$。

由实际问题的性质知,存在最大利润,故当两种广告形式分别投入 15 万元和 10 万元时,广告产生的利润最大,最大利润为

$$f(15,10) = 375 \text{ 万元}$$

自测试题

一、1. ×   2. √   3. √   4. ×

二、1. A   2. B   3. A   4. C

三、1. 2   2. $f'(u)(2x+2y^2), 4f'(u)xy$ 3. $\mathrm{d}x + 4\mathrm{d}y$ 4. $-\dfrac{2x+y^2}{\mathrm{e}^y + 2xy}$

四、1. $z_x = \cos(x+y)y, z_y = \sin(x+y) + y\cos(x+y)$

2. $z_x = 2x\dfrac{\partial f}{\partial u} + \dfrac{\partial f}{\partial v}\mathrm{e}^y, z_y = x\mathrm{e}^y\dfrac{\partial f}{\partial v}$,其中 $u = x^2, v = x\mathrm{e}^y$

五、1. $\mathrm{d}z = \mathrm{e}^{xy^3}(y^3\mathrm{d}x + 3xy^2\mathrm{d}y)$

2. $\mathrm{d}z = -\dfrac{y\mathrm{d}x + x\mathrm{d}y}{3z^2 + 2z}$

六、$z_{xx} = 2x\mathrm{e}^{y^2}$, $z_{xy} = z_{yx} = 4xy\mathrm{e}^{y^2}$

$z_{yy} = 2x^2\mathrm{e}^{y^2}(1 + 2y^2)$

七、极大值 $z(1,1)=4$,极小值 $z(-1,-1)=-4$

八、当水箱长为 $\sqrt[3]{2}$ m,宽为 $\sqrt[3]{2}$ m,高为 $\sqrt[3]{2}$ m 时,所用材料最省

九、企业获得最大利润时甲产品的产量为 70 件,乙产品为 30 件,最大利润是 145 万元

模拟试题(一)

一、单项选择题

1. B(因为 $\lim\limits_{n\to\infty}\sin\dfrac{\pi}{2n}=\sin 0=0$)

2. A(因为 $f(x)$ 在 $x=a$ 处连续,即有 $\lim\limits_{x\to a}f(x)=f(a)$)

3. C(因为 $y'=3x^2+2>0$,$y''=6x$,当 $x\in(0,1)$ 时,$y''>0$,故曲线在 $(0,1)$ 内为单调增加的凹曲线)

4. B(因为对式 $\int f(x)\mathrm{e}^{\frac{1}{x}}\mathrm{d}x=-\mathrm{e}^{\frac{1}{x}}+C$ 两边求导数,得 $f(x)\mathrm{e}^{\frac{1}{x}}=\dfrac{1}{x^2}\mathrm{e}^{\frac{1}{x}}$,所以 $f(x)=\dfrac{1}{x^2}$)

5. D(因为对式 $\int_0^x f(t)\mathrm{d}t=\dfrac{x^4}{2}$ 两边求导数,得 $f(x)=2x^3$,又 $\int_0^4 \dfrac{1}{\sqrt{x}}f(\sqrt{x})\mathrm{d}x=2\int_0^4 f(\sqrt{x})\mathrm{d}\sqrt{x} \xrightarrow{t=\sqrt{x}} 2\int_0^2 f(t)\mathrm{d}t=2\int_0^2 2t^3\mathrm{d}t=t^4\big|_0^2=16$)

6. A(因为 $y'=3y^{\frac{2}{3}}$,$\int \dfrac{\mathrm{d}y}{3y^{\frac{2}{3}}}=\int \mathrm{d}x$,$y^{\frac{1}{3}}=x+C$,通解为 $y=(x+C)^3$,取 $C=2$ 得特解 $y=(x+2)^3$)

二、填空题

7. $(-\infty,0)\bigcup(0,1)$(由 $\begin{cases} 1-x>0 \\ x\neq 0 \end{cases}$ 解得 $(-\infty,0)\bigcup(0,1)$)

8. 3(由同阶无穷小知,$\lim\limits_{x>0}\dfrac{\sin x^3}{2x^a}=C\neq 0$,则 $a=3$)

9. $(0,2)$(因 $y'=3x^2-6$,$y''=6x$,令 $y''=0$,得 $x=0$,$y=2$,当 $x<0$ 时,$y''<0$;当 $x>0$ 时,$y''>0$,故拐点为 $(0,2)$)

10. $\dfrac{1}{2}\tan^2 x + C$（因 $\displaystyle\int \dfrac{x}{\cos^2 x^2}\mathrm{d}x = \dfrac{1}{2}\int \dfrac{\mathrm{d}x^2}{\cos^2 x^2} = \dfrac{1}{2}\tan x^2 + C$）

11. 0（因被积函数 $\dfrac{\sin^9 x}{1+\sin^2 x} + \cos^2 x\sin^3 x$ 为连续的奇函数，故在对称区间 $\left[-\dfrac{\pi}{2},\dfrac{\pi}{2}\right]$ 上的定积分为零）

12. $2xyf\left(\dfrac{y}{x}\right)$（因 $z_x = yf\left(\dfrac{y}{x}\right) + xyf'\left(\dfrac{y}{x}\right)\cdot\dfrac{-y}{x^2} = yf\left(\dfrac{y}{x}\right) - \dfrac{y^2}{x}f'\left(\dfrac{y}{x}\right)$，

$z_y = xf\left(\dfrac{y}{x}\right) + xyf'\left(\dfrac{y}{x}\right)\dfrac{1}{x} = xf\left(\dfrac{y}{x}\right) + yf'\left(\dfrac{y}{x}\right)$，故 $xz_x + yz_y = 2xyf\left(\dfrac{y}{x}\right)$）

三、解答、证明题

13. **解**　当 $x < 0$ 及 $x > 0$ 时，函数为初等函数，是连续的。

在 $x = 0$ 处，$f(0^-) = \lim\limits_{x\to 0^-} x = 0$，$f(0^+) = \lim\limits_{x\to 0^+}(1+2x)^{\frac{1}{x}} = \lim\limits_{x\to 0^+}\left[(1+2x)^{\frac{1}{2x}}\right]^2$
$= \mathrm{e}^2$，$f(0^-) \neq f(0^+)$，因此，$x = 0$ 为函数的第一类的可去间断点，函数的连续区间为 $(-\infty,0)\bigcup(0,+\infty)$。

14. **解**　$\lim\limits_{x\to+\infty}\dfrac{\ln(2x+1)}{3^x} \xlongequal{\text{“}\frac{\infty}{\infty}\text{”}} \lim\limits_{x\to+\infty}\dfrac{\frac{2}{2x+1}}{3^x\cdot\ln 3} = \dfrac{2}{\ln 3}\lim\limits_{x\to+\infty}\dfrac{1}{(2x+1)\cdot 3^x} = 0$

15. **解**　$y' = \mathrm{e}^{\sin x}\cdot\cos x$，$y'(0) = 1$
$y'' = \mathrm{e}^{\sin x}\cos^2 x + \mathrm{e}^{\sin x}(-\sin x) = \mathrm{e}^{\sin x}(\cos^2 x - \sin x)$，　$y''(0) = 1$

16. **解**　定义域 $D = (0,+\infty)$，$y' = \dfrac{4x^2-1}{x}$，令 $y' = 0$，得驻点 $x = \dfrac{1}{2}$。

当 $0 < x < \dfrac{1}{2}$ 时，$y' < 0$；当 $x > \dfrac{1}{2}$ 时，$y' > 0$。因此，函数在 $\left(0,\dfrac{1}{2}\right)$ 内单调减少，在 $\left(\dfrac{1}{2},+\infty\right)$ 内单调增加，极小值 $f\left(\dfrac{1}{2}\right) = \dfrac{1}{2} + \ln 2$。

17. **解**　$\displaystyle\int \dfrac{x\mathrm{d}x}{1+x^4} = \dfrac{1}{2}\int \dfrac{\mathrm{d}x^2}{1+(x^2)^2} = \dfrac{1}{2}\arctan x^2 + C$

18. **解**　$\displaystyle\int_0^3 f(x)\mathrm{d}x = \int_0^1 \sqrt{x}\,\mathrm{d}x + \int_1^3 \mathrm{e}^{-x}\mathrm{d}x = \dfrac{2}{3}x^{\frac{3}{2}}\Big|_0^1 + (-\mathrm{e}^{-x})\Big|_1^3 =$
$$\dfrac{2}{3} + \mathrm{e}^{-1} - \mathrm{e}^{-3}$$

19. **证明**　$z = \ln\sqrt{x^2+y^2} = \dfrac{1}{2}\ln(x^2+y^2)$

$$z_x = \frac{1}{2} \cdot \frac{2x}{x^2+y^2} = \frac{x}{x^2+y^2}, \quad z_y = \frac{1}{2} \cdot \frac{2y}{x^2+y^2} = \frac{y}{x^2+y^2}$$

$$z_{xx} = \frac{x^2+y^2-x \cdot 2x}{(x^2+y^2)^2} = \frac{y^2-x^2}{(x^2+y^2)^2}$$

$$z_{yy} = \frac{x^2+y^2-y \cdot 2y}{(x^2+y^2)^2} = \frac{x^2-y^2}{(x^2+y^2)^2}$$

故

$$z_{xx} + z_{yy} = \frac{\partial^2 z}{\partial x^2} + \frac{\partial^2 z}{\partial y^2} = 0$$

四、综合题

20. 解　曲线 $y = \sin x$ 与 $y = \cos x$ 在 $[0, \pi]$ 上交点的横坐标为 $x = \frac{\pi}{4}$，所求面积

$$A = \int_0^\pi |\sin x - \cos x| \, \mathrm{d}x = \int_0^{\frac{\pi}{4}} (\cos x - \sin x) \, \mathrm{d}x + \int_{\frac{\pi}{4}}^\pi (\sin x - \cos x) \, \mathrm{d}x =$$

$$(\sin x + \cos x)\Big|_0^{\frac{\pi}{4}} + (-\cos x - \sin x)\Big|_{\frac{\pi}{4}}^\pi =$$

$$\left(\frac{\sqrt{2}}{2} + \frac{\sqrt{2}}{2} - 1\right) + \left(1 + \frac{\sqrt{2}}{2} + \frac{\sqrt{2}}{2}\right) = 2\sqrt{2}$$

21. 略

模拟试题(二)

一、单项选择题

1. B（因为 $f(0^-) = \lim\limits_{x \to 0^-} \frac{-x}{\sin x} = -1$，$f(0^+) = \lim\limits_{x \to 0^+} \frac{x}{\sin x} = 1$，$f(0^-) \neq f(0^+)$，故 $x = 0$ 为函数的跳跃间断点）

2. A（因为 $f'_-(0) = \lim\limits_{\Delta x \to 0^-} \frac{f(\Delta x) - f(0)}{\Delta x} = \lim\limits_{\Delta x \to 0^-} \frac{0-0}{\Delta x} = 0$，

$f'_+(0) = \lim\limits_{\Delta x \to 0^+} \frac{f(\Delta x) - f(0)}{\Delta x} = \lim\limits_{\Delta x \to 0^+} \frac{\Delta x - 0}{\Delta x} = 1$，故选 A）

3. D（因为 $y' = 3(x^2-1)$，当 $x < -1$ 时，$y' > 0$，当 $-1 < x < 1$ 时，$y' < 0$，故 $y(-1) = 2$ 为极大值，又

$$\lim_{x \to +m} f(x) = \lim_{x \to +\infty} (x^3 - 3x) = \lim_{x \to +\infty} x(x^2 - 3) = +\infty$$

故 $y(-1) = 2$ 不是最大值）

4. C（因为 $\int f'(2x)\mathrm{d}x = \dfrac{1}{2}\int f'(2x)\mathrm{d}(2x) = \dfrac{1}{2}f(2x) + C =$

$$\dfrac{1}{2}\left[2^{2x} + (2x)^2\right] + C = \dfrac{1}{2}2^{2x} + 2x^2 + C)$$

5. B（因为被积函数 $\sqrt{\sin^2 x}$ 为偶函数，

$$\int_{-\frac{\pi}{2}}^{\frac{\pi}{2}} \sqrt{\sin^2 x}\,\mathrm{d}x = 2\int_0^{\frac{\pi}{2}} \sqrt{\sin^2 x}\,\mathrm{d}x = 2\int_0^{\frac{\pi}{2}} \sin x\,\mathrm{d}x = -2\cos x\mid_0^{\frac{\pi}{2}} = 2)$$

6. C（因为 $z_x = \dfrac{\partial}{\partial x}\left(\arcsin\dfrac{x}{\sqrt{x^2+y^2}}\right) = \dfrac{1}{\sqrt{1 - \left(\dfrac{x}{\sqrt{x^2+y^2}}\right)^2}} \cdot \dfrac{\partial}{\partial x}\left(\dfrac{x}{\sqrt{x^2+y^2}}\right) =$

$$\sqrt{\dfrac{x^2+y^2}{y^2}} \cdot \dfrac{\sqrt{x^2+y^2} - x\dfrac{x}{\sqrt{x^2+y^2}}}{x^2+y^2} = \dfrac{|y|}{x^2+y^2})$$

二、填空题

7. $x = 0$（因 $f(0^-) = \lim\limits_{x\to 0^-} x = 0$，$f(0^+) = \lim\limits_{x\to 0^+} \dfrac{\sin x}{x} = 1$，$f(0^-) \neq f(0^+)$，故

$x = 0$ 为第一类的跳跃间断点）

8. $\mathrm{d}y = \dfrac{x\sec^2 x - 2\tan x}{x^3}\mathrm{d}x$（因 $y' = \dfrac{x^2\sec^2 x - \tan x \cdot 2x}{x^4} = \dfrac{x\sec^2 x - 2\tan x}{x^3}$，

$\mathrm{d}y = \dfrac{x\sec^2 x - 2\tan x}{x^3}\mathrm{d}x)$

9. 增加的（因 $y' = \mathrm{e}^{x^2} \cdot 2x$，当 $x \in (0,1)$ 时，$y' > 0$，故函数单调增加）

10. $\dfrac{2}{3}\arctan^{\frac{3}{2}} x + C$（因 $\int \dfrac{\sqrt{\arctan x}}{1+x^2}\mathrm{d}x = \int \arctan^{\frac{1}{2}} x\,\mathrm{d}(\arctan x) = \dfrac{2}{3}\arctan^{\frac{3}{2}} x +$

$C)$

11. 1（因 $\lim\limits_{x\to 0} \dfrac{\displaystyle\int_0^{x^2} \sqrt{1+t^2}\,\mathrm{d}t}{x^2} \xrightarrow{\text{``}\frac{0}{0}\text{''}} \lim\limits_{x\to 0} \dfrac{\sqrt{1+x^4} \cdot 2x}{2x} = 1)$

12. $-\dfrac{\sin x + y\mathrm{e}^{xy}}{2y + x\mathrm{e}^{xy}}$（因 $\mathrm{e}^{xy(x)} + y^2(x) = \cos x$，两边求导得 $\mathrm{e}^{xy(x)}\left(y + x\dfrac{\mathrm{d}y}{\mathrm{d}x}\right) +$

$2y\dfrac{\mathrm{d}y}{\mathrm{d}x} = -\sin x$，$\dfrac{\mathrm{d}y}{\mathrm{d}x} = -\dfrac{\sin x + y\mathrm{e}^{xy}}{2y + x\mathrm{e}^{xy}})$

三、解答题

13. **解**　当 $x < 0$ 及 $x > 0$ 时，函数为初等函数，是连续函数。在 $x = 0$ 处，

$$f(0^-) = \lim_{x \to 0^-}(x+a) = a, f(0) = a, f(0^+) = \lim_{x \to 0^+}\frac{\ln(1+2x)}{x} = \lim_{x \to 0}\frac{2x}{x} = 2, (因$$

$$\ln(1+u) \sim u)。$$

当 $a = 2$ 时,函数也在 $x = 0$ 处连续,故 $a = 2$ 时,函数在 $(-\infty, +\infty)$ 上连续。

14. 解　$\lim_{x \to 0}\frac{x - \arctan x}{\ln(1 + x^3)} \stackrel{"\frac{0}{0}"}{=\!=\!=\!=} \lim_{x \to 0}\frac{1 - \dfrac{1}{1+x^2}}{\dfrac{3x^2}{1+x^3}} = \lim_{x \to 0}\frac{1+x^3}{3(1+x^2)} = \frac{1}{3}$

15. 解　视 y 为 x 的函数 $y(x)$,代入方程,并变形后得

$$\frac{1}{2}\ln(x^2 + y^2(x)) = \arctan\frac{y(x)}{x}$$

方程两边对 x 求导数:

$$\frac{2x + 2y \cdot y'}{2(x^2 + y^2)} = \frac{\dfrac{y' \cdot x - y}{x^2}}{1 + \left(\dfrac{y}{x}\right)^2}$$

即　　　　　　　　$x + yy' = y'x - y, \quad y' = \frac{x+y}{x-y}$

16. 解　定义域为 $D = (0, +\infty)$, $y' = \dfrac{1 - \ln x}{x^2}$, $y'' = \dfrac{-3 + 2\ln x}{x^3}$

令 $y' = 0$, $y'' = 0$, 得 $x_1 = e$, $x_2 = e^{\frac{3}{2}}$. 列表讨论:

x	$(0, e)$	e	$(e, e^{\frac{3}{2}})$	$e^{\frac{3}{2}}$	$(e^{\frac{3}{2}}, +\infty)$
f'	$+$	0	$-$		$-$
$f''(x)$	$-$		$-$	0	$+$
$y = f(x)$	↗	极大值 $f(e) = \dfrac{1}{e}$	↘	拐点 $(e^{\frac{3}{2}}, \dfrac{3}{2e^{\frac{3}{2}}})$	↘

17. 解　$\displaystyle\int x^2 \cos\frac{x}{2}\,dx = 2\int x^2 d\sin\frac{x}{2} = 2x^2\sin\frac{x}{2} - 2\int \sin\frac{x}{2} \cdot 2x\,dx =$

$$2x^2 \cdot \sin\frac{x}{2} + 8\int x d\cos\frac{x}{2} =$$

$$x^2\sin\frac{x}{2} + 8x\cos\frac{x}{2} - 8\int\cos\frac{x}{2}\,dx =$$

$$x^2 \sin \frac{x}{2} + 8x\cos \frac{x}{2} - 16\sin \frac{x}{2} + C$$

18. 解 $\int_0^2 xf''(x)\mathrm{d}x = \int_0^2 x\mathrm{d}f'(x) = xf'(x)\Big|_0^2 - \int_0^2 f'(x)\mathrm{d}x =$

$2f'(2) - 0 - f(x)\Big|_0^2 = 2 \times 5 - f(2) + f(0) =$

$10 - 3 + 1 = 8$

19. 解 先求直线 $x + 2y = 4$ 与曲线 $y^2 = x + 4$ 的交点,联立方程组

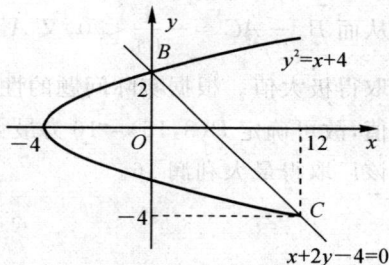

$$\begin{cases} y^2 = x + 4 \\ x + 2y = 4 \end{cases}$$

得交点 $B(0,2), C(12, -4)$.

所围平面图形的面积为

$$A = \int_{-4}^2 [4 - 2y - (y^2 - 4)]\mathrm{d}y =$$

$$\int_{-4}^2 (8 - 2y - y^2)\mathrm{d}y =$$

$$\left(8y - y^2 - \frac{y^2}{3}\right)\Big|_{-4}^2 = 36$$

四、综合题

20. 解 由 $y = \sqrt{x}$,得 $y' = \frac{1}{2\sqrt{x}}$。由已知直线得切线斜率 $k = \frac{1}{2}$,令

$\frac{1}{2\sqrt{x}} = \frac{1}{2}$,得 $x = 1, y = 1$,即得 $M_0(1,1)$。

因此,曲线在点 M_0 处的切线方程为 $y - 1 = \frac{1}{2}(x - 1)$,即 $x - 2y - 1 = 0$。

点 M_0 处的法线方程为 $2x + y - 3 = 0$。

21. 解 收益函数 $R(x,y) = 2z = 12x^{\frac{1}{3}}y^{\frac{1}{2}}$

成本函数 $C(x,y) = 4x + 3y$

利润函数 $P(x,y) = R(x,y) - C(x,y) = 12x^{\frac{1}{3}}y^{\frac{1}{2}} - 4x - 3y$

问题归结为求 $P(x,y)$ 在区域 $x > 0, y > 0$ 上的最大值。

由方程组

$$\begin{cases} P'_x = 4x^{-\frac{2}{3}}y^{\frac{1}{2}} - 4 = 0 \\ P'_y = 6x^{\frac{1}{3}}y^{-\frac{1}{2}} - 3 = 0 \end{cases}$$

得 $x=8, y=16$,又

$$P''_{xx}=-\frac{8}{3}x^{-\frac{5}{3}}y^{\frac{1}{2}}, \quad P''_{xy}=2x^{-\frac{2}{3}}y^{-\frac{1}{2}}, \quad P''_{yy}=-3x^{\frac{1}{3}}y^{-\frac{3}{2}}$$

故

$$A=P''_{xx}(8,16)=-\frac{1}{3}, \quad B=P''_{xy}(8,16)=\frac{1}{8}, \quad C=P''_{yy}(8,16)=-\frac{3}{32}$$

从而 $B^2-AC=-\frac{1}{64}<0$,又 $A=-\frac{1}{3}<0$,可知当 $x=8, y=16$ 时,$P(x,y)$ 取得极大值。根据实际问题的性质知,当 $x>0, y>0$ 时 $P(x,y)$ 必有最大值,故可确定 $P(8,16)=16$ 为最大值,即当资本投入为8,劳动力投入为16时,该厂取得最大利润16。

高等学校网络教育规划教材

经济数学基础课程练习册(下)

陆　全　孙　浩　吕全义　郑红婵　郭千桥　编

班级	
学号	
姓名	

西北工业大学出版社

图书在版编目(CIP)数据

经济数学基础课程练习册:全 2 册/陆全等编. —西安:西北工业大学出版社,2013.3(2015.6 重印)

ISBN 978 - 7 - 5612 - 3616 - 1

Ⅰ.①经…　Ⅱ.①陆…　Ⅲ.①经济数学—高等学校—教学参考资料
Ⅳ.①F224.0

中国版本图书馆 CIP 数据核字(2013)第 038393 号

出版发行:西北工业大学出版社
通信地址:西安市友谊西路 127 号　邮编 710072
电　　话:(029)88493844　88491757
网　　址:www.nwpup.com
印 刷 者:陕西向阳印务有限公司
开　　本:727 mm×960 mm　1/16
印　　张:13.5
字　　数:222 千字
版　　次:2013 年 3 月第 1 版　2015 年 6 月第 3 次印刷
定　　价:28.00 元(套)

前　言

　　"经济数学基础"是高等学校经管类专业学生重要的数学基础课程,学生通过本门课程的学习,在获得数学知识的同时,对提高抽象思维、逻辑推理、运算技能和综合应用等方面的能力都有益处。《经济数学基础课程练习册》对学生掌握本门课程的基本概念、理论与方法,提高综合分析问题能力,巩固所学知识都有重要的作用。

　　这套《经济数学基础课程练习册》集编者多年的教学经验编写而成,与高等学校网络教育规划教材《经济数学基础》(上、下)(陆全等编,西北工业大学出版社)配套使用,依教学内容顺序按章编排,共 14 章。每章由 4 部分组成:

　　(1)**本章教学基本要求**——是学生学习本章内容应达到的合格要求。

　　(2)**本章重点难点及考点**——是学生学习本章时应关注的内容。

　　(3)**综合练习**——是在平时作业的基础上给出的基本题,用于该章学完或期末总复习时使用,有助于提高阶段性学习效果。

　　(4)**自测试题**——按章配有多种题型的自测套题,用于学生做阶段性自我测试。

　　本书上、下册均附有两套模拟试题,用于学期考前训练。

　　参加本书编写的有陆全、孙浩、吕全义、郑红婵、郭千桥。

　　由于时间和篇幅所限,书中疏漏和不妥之处恳请同行和读者指正。

编　者

2013 年 1 月

目　　录

目 录

第八章 行 列 式

本章教学基本要求：理解二阶、三阶及 n 阶行列式的概率；了解行列式的性质；掌握二阶、三阶、四阶行列式的计算。

本章重点、难点及考点：行列式的概念和性质；三阶、四阶行列式的计算。

综 合 练 习

1. 计算下列行列式：

$(1)D = \begin{vmatrix} 1 & 2 \\ 0 & 2 \end{vmatrix}$ $\qquad$ $(2)D = \begin{vmatrix} 2 & 4 \\ 2 & 3 \end{vmatrix}$

$(3)D = \begin{vmatrix} 1 & 2 & 3 \\ 2 & 1 & 0 \\ 1 & 1 & 0 \end{vmatrix}$ $\qquad$ $(4)D = \begin{vmatrix} 2 & 1 & 1 \\ 1 & 2 & 1 \\ 1 & 1 & 2 \end{vmatrix}$

$$(5)D=\begin{vmatrix} 0 & 0 & 1 & 0 \\ 2 & 1 & 1 & 1 \\ 3 & 1 & 0 & 1 \\ 1 & 2 & 1 & 1 \end{vmatrix} \qquad (6)D=\begin{vmatrix} 1 & 2 & 3 & 1 \\ 0 & 2 & 1 & 4 \\ 1 & 0 & 0 & 3 \\ 0 & 2 & 1 & 1 \end{vmatrix}$$

$$(7)D=\begin{vmatrix} 1 & 450 & \dfrac{1}{3} \\ 3 & 430 & \dfrac{1}{2} \\ 1 & 395 & \dfrac{1}{3} \end{vmatrix} \qquad (8)D=\begin{vmatrix} 1 & 2 & 3 & 4 \\ 1 & 1 & 0 & 0 \\ 1 & 0 & 1 & 0 \\ 1 & 0 & 0 & 1 \end{vmatrix}$$

$$(9)D=\begin{vmatrix} 5 & 4 & & \\ 1 & 5 & 4 & \\ & 1 & 5 & 4 \\ & & 1 & 5 \end{vmatrix} \qquad (10)D=\begin{vmatrix} 2 & -1 & & \\ -1 & 2 & -1 & \\ & -1 & 2 & -1 \\ & & -1 & 2 \end{vmatrix}$$

2.已知 4 阶行列式：

$$D = \begin{vmatrix} 1 & 2 & 3 & 4 \\ 2 & 1 & 3 & 6 \\ 3 & 1 & 2 & 1 \\ 1 & 0 & 1 & 2 \end{vmatrix}$$

求 D 的余子式 M_{14} 与一个代数余子式 A_{34}。

3. 设行列式 $\begin{vmatrix} a & b & c \\ x & y & z \\ u & v & w \end{vmatrix} = 3$,求下列行列式:

(1) $\begin{vmatrix} 2a & 2b & 2c \\ 2x & 2y & 2z \\ u & v & w \end{vmatrix}$ (2) $\begin{vmatrix} a & b & c \\ a+x & b+y & c+z \\ u+x & v+y & w+z \end{vmatrix}$

(3) $\begin{vmatrix} 2a & b+a & c \\ 2x & y+x & z \\ 2u & v+u & w \end{vmatrix}$ (4) $\begin{vmatrix} a & b-a & 2c-2a \\ x & y-x & 2z-2x \\ u & v-u & 2w-2u \end{vmatrix}$

4. 求下列方程组的解:

(1) $\begin{vmatrix} 1 & x \\ 3 & 2 \end{vmatrix} = 2$
  (2) $\begin{vmatrix} 1 & 2 & 3 \\ 1 & 2 & x \\ 2 & 1 & 3 \end{vmatrix} = 0$

(3) $\begin{vmatrix} 1 & 0 & 1 \\ x & 1 & 2 \\ 4 & 2 & x \end{vmatrix} = 0$
  (4) $\begin{vmatrix} 1 & 1 & 1 \\ 2 & 3 & x \\ 4 & 9 & x^2 \end{vmatrix} = 0$

5. 求满足下列条件的二次多项式 $f(x)$:使其满足 $f(1) = 0, f(2) = 4,$ $f(-1) = 3$。

6.判断下列方程组是否有唯一解。

(1) $\begin{cases} x_1 + 2x_2 = 1 \\ x_1 - 2x_2 = 2 \end{cases}$

(2) $\begin{cases} x_1 + x_2 + x_3 = 1 \\ x_1 - 2x_2 + x_3 = 2 \\ x_1 \qquad + 2x_3 = 3 \end{cases}$

(3) $\begin{cases} x - x_2 - x_3 = 1 \\ x_1 \qquad + x_3 = 1 \\ 2x_1 + x_2 + 2x_3 = 2 \end{cases}$

(4) $\begin{cases} 2x_1 + x_2 + x_3 + x_4 = 1 \\ x_1 + 2x_2 + x_3 + x_4 = 1 \\ x_1 + x_2 + 2x_3 + x_4 = 1 \\ x_1 + x_2 + x_3 + 2x_4 = 1 \end{cases}$

7.当 a 为何值时,下列齐次线性方程组有非零解。

$$\begin{cases} ax_1 + x_2 + x_3 = 0 \\ x_1 + ax_2 + x_3 = 0 \\ x_1 + x_2 + ax_3 = 0 \end{cases}$$

自 测 试 题

一、判断题(对的打 √,错的打 ×):

1. 若行列式 $\begin{vmatrix} a_{11} & a_{12} \\ a_{21} & a_{22} \end{vmatrix} = 2$,则 $\begin{vmatrix} 2a_{11} & 2a_{12} \\ 2a_{21} & 2a_{22} \end{vmatrix} = 4$;　　　　　　　(　)

2. 若行列式每行的和为 0,则该行列式为零;　　　　　　　　　(　)

3. 若行列式 $D_3 = |a_{ij}| = d$,则行列式 $|-a_{ij}| = -d$;　　　　　(　)

4. 若行列式 $\begin{vmatrix} a_{11} & a_{12} \\ a_{21} & a_{22} \end{vmatrix} = 2$,则行列式 $\begin{vmatrix} a_{11} + a_{12} & 2a_{11} + a_{12} \\ a_{21} + a_{22} & 2a_{21} + a_{22} \end{vmatrix} = 2$;(　)

5. 二元线性方程组 $\begin{cases} x_1 + x_2 = 1 \\ x_1 + 2x_2 = 2 \end{cases}$ 有唯一解;　　　　　(　)

6. 二元齐次线性方程 $\begin{cases} x_1 + x_2 = 0 \\ x_1 + 2x_2 = 0 \end{cases}$ 一定有非零解。　　　(　)

二、单项选择题

1. 如果一个行列式为零,则此行列式(　)。

A. 必有两行(或列)元素对应相等

B. 必有两行(或列)元素对应成比例

C. 必有一行(或列)元素全为零

D. 以上说法都不一定成立

2. 行列式 $D = \begin{vmatrix} 1 & a & a \\ 2 & x & c \\ b & x & x \end{vmatrix}$,当 $x = ($ 　 $)$ 时为零。

A. 0　　　　　　B. a　　　　　　C. c　　　　　　D. b

3. $\begin{vmatrix} k & 2 \\ 1 & k-1 \end{vmatrix} \neq 0$ 的充分必要条件是(　)。

A. $k \neq 1$　　　　　　　　　　B. $k \neq 2$

C. $k \neq 2$ 且 $k \neq -1$　　　　D. $k \neq -1$ 或 $k \neq 2$

4. 五阶行列式的代数余子式带负号的有(　)项。

A. 12　　　　　　B. 14　　　　　　C. 13　　　　　　D. 11

5. 若二元线性方程组 $\begin{cases} ax_1 + x_2 = 1 \\ x_1 - x_2 = 2 \end{cases}$ 有唯一解,则 a 满足(　　)。

A. $a \neq 1$　　　　　B. $a = 1$　　　　　C. $a \neq -1$　　　　　D. $a = -1$

6. 若二元齐次线性方程组 $\begin{cases} x_1 - ax_2 = 0 \\ x_1 + ax_2 = 0 \end{cases}$ 有非零解,则 a 满足(　　)。

A. $a \neq 0$　　　　　B. $a = 0$　　　　　C. $a = 1$　　　　　D. $a \neq 1$

三、填空题

1. $\begin{vmatrix} \sin\alpha & \cos\alpha \\ -\cos\alpha & \sin\alpha \end{vmatrix} = $ _____。

2. $\begin{vmatrix} 1 & 0 & 0 & 1 \\ 1 & 1 & 0 & 0 \\ 0 & 1 & 1 & 0 \\ 0 & 0 & 1 & 1 \end{vmatrix} = $ _____。

3. 若 $\begin{vmatrix} a & b \\ c & d \end{vmatrix} = 2$,则 $\begin{vmatrix} 2a-b & a+b \\ 2c-d & c+d \end{vmatrix} = $ _____。

4. 若 $\begin{vmatrix} a & b & c \\ x & y & z \\ u & v & w \end{vmatrix} = 3$,则 $\begin{vmatrix} 2a & 2b & 2c \\ 2x & 2y & 2z \\ 2u & 2v & 2w \end{vmatrix} = $ _____。

5. $D = \begin{vmatrix} 1 & 5 & 5 & 5 \\ 5 & 2 & 5 & 5 \\ 5 & 5 & 3 & 5 \\ 5 & 5 & 5 & 4 \end{vmatrix}$,则 $A_{23} = $ _____,$M_{34} = $ _____。

四、计算行列式

$$D = \begin{vmatrix} 4 & 4 & 4 & 3 \\ 4 & 4 & 3 & 4 \\ 4 & 3 & 4 & 4 \\ 3 & 4 & 4 & 4 \end{vmatrix}$$

五、求一个二次多项式 $f(x)$，使 $f(0)=-1,f(1)=2,f(-1)=4$。

六、当 k 为何值时，齐次线性方程组

$$\begin{cases} kx_1 + x_2 + x_3 = 0 \\ x_1 + 3x_2 + kx_3 = 0 \\ x_1 - x_2 + kx_3 = 0 \end{cases}$$

只有零解？

第九章 矩 阵

本章教学的基本要求：理解矩阵和逆矩阵的概念以及矩阵的秩的概念；掌握矩阵可逆的充分必要条件、矩阵的线性运算、乘法运算及其运算规律．掌握矩阵的初等行变换，用初等变换求逆矩阵和矩阵的秩。

本章重点、难点及考点：矩阵、逆矩阵、矩阵的秩的概念；用初等行列变换求逆矩阵和矩阵的秩，分块矩阵的运算。

综 合 练 习

1. 矩阵的运算

（1）设矩阵 $\boldsymbol{A} = \begin{pmatrix} 1 & 2 & 3 \\ a & 1 & 0 \end{pmatrix}$, $\boldsymbol{B} = \begin{pmatrix} 1 & 2 & 3 \\ 1 & b & c \end{pmatrix}$ 且 $\boldsymbol{A} = \boldsymbol{B}$，求 a, b, c。

（2）设

$$\boldsymbol{A} = \begin{pmatrix} 1 & 2 \\ 0 & 1 \end{pmatrix}, \quad \boldsymbol{B} = \begin{pmatrix} 2 & 1 & 3 \\ 0 & 1 & 2 \end{pmatrix}, \quad \boldsymbol{C} = \begin{pmatrix} 1 & 2 \\ 3 & 1 \end{pmatrix}, \quad \boldsymbol{D} = \begin{pmatrix} 1 & 2 \\ 0 & 1 \\ 1 & 1 \end{pmatrix}$$

判断下列运算是否有意义，并计算有意义的算式：
　　①$\boldsymbol{A} - \boldsymbol{B}$　　　②$2\boldsymbol{A} + \boldsymbol{C}$　　　③$\boldsymbol{A} + 0\boldsymbol{D}$

$(3)(1 \quad 2 \quad 1)\begin{pmatrix} 2 \\ 1 \\ -2 \end{pmatrix}$ $\qquad$ $(4)\begin{pmatrix} 2 \\ 1 \\ -2 \end{pmatrix}(1 \quad 2 \quad 1)$

$(5)\begin{pmatrix} 1 & 1 & 2 \\ 0 & 1 & 3 \end{pmatrix}\begin{pmatrix} 1 & 2 \\ 0 & 1 \\ 1 & 3 \end{pmatrix}$ $\qquad$ $(6)\begin{pmatrix} 1 & 2 \\ 0 & 1 \\ 1 & 3 \end{pmatrix}\begin{pmatrix} 1 & 1 & 2 \\ 0 & 1 & 3 \end{pmatrix}$

$(7)\begin{pmatrix} 1 & 2 & 3 \\ 2 & 1 & 4 \\ 1 & 0 & 1 \end{pmatrix}\begin{pmatrix} 1 \\ 2 \\ 1 \end{pmatrix}$ $\qquad$ $(8)(1 \quad -2 \quad 2)\begin{pmatrix} 1 & 2 & 3 \\ 2 & 1 & 4 \\ 1 & 0 & 1 \end{pmatrix}$

(9) $\begin{pmatrix} 1 & 2 & -1 \end{pmatrix} \begin{pmatrix} 1 & 2 & -1 \\ 0 & 1 & 2 \\ 1 & 1 & 3 \end{pmatrix} \begin{pmatrix} 1 \\ 2 \\ 2 \end{pmatrix}$

(10) $\begin{pmatrix} 1 & 2 & -1 \\ 0 & 1 & 2 \\ 1 & 1 & 3 \end{pmatrix} \begin{pmatrix} 1 \\ 2 \\ 2 \end{pmatrix} \begin{pmatrix} 1 & 2 & -1 \end{pmatrix}$

(11) 设 $\boldsymbol{A} = \begin{pmatrix} 1 & 2 \\ 1 & 0 \end{pmatrix}$, $\boldsymbol{B} = \begin{pmatrix} 2 & 1 \\ 1 & 1 \end{pmatrix}$, 求 $(\boldsymbol{A} + \boldsymbol{B})^2 - (\boldsymbol{A} - \boldsymbol{B})^2$

2. 求下列矩阵的逆

(1) $\boldsymbol{A} = \begin{pmatrix} \cos\theta & -\sin\theta \\ \sin\theta & \cos\theta \end{pmatrix}$　　　　(2) $\boldsymbol{B} = \begin{pmatrix} 2 & 1 & 1 \\ 1 & 2 & 1 \\ 1 & 1 & 2 \end{pmatrix}$

$(3)\boldsymbol{C} = \begin{pmatrix} 1 & 1 & & \\ & 1 & 1 & \\ & & 1 & 1 \\ & & & 1 \end{pmatrix}$

3. 设 $\boldsymbol{A} = \begin{pmatrix} 2 & 1 \\ 5 & 3 \end{pmatrix}$，$\boldsymbol{B} = \begin{pmatrix} 4 & 5 \\ 2 & 2 \end{pmatrix}$，求：$(1)(\boldsymbol{AB}^{\mathrm{T}})^{-1}$；$(2)(\boldsymbol{A}+\boldsymbol{B})^{-1}$。

4. 解下列矩阵方程，其中 $\boldsymbol{A} = \begin{pmatrix} 1 & & \\ & 3 & \\ & & 3 \end{pmatrix}$，$\boldsymbol{B} = \begin{pmatrix} 1 & 2 & 3 \\ 2 & 1 & 0 \\ 1 & -1 & 1 \end{pmatrix}$：

$(1)\boldsymbol{XA} = \boldsymbol{B}$ $(2)\boldsymbol{AX} = \boldsymbol{B}$

$(3)\boldsymbol{XA} + 3\boldsymbol{X} = \boldsymbol{B}$ $(4)\boldsymbol{AX} = \boldsymbol{AXB} + \boldsymbol{E}$

5. 求下列矩阵的秩

$$(1)\boldsymbol{A} = \begin{bmatrix} 1 & 2 & 1 & 3 \\ 2 & 1 & 4 & 5 \\ 0 & 0 & 0 & 0 \end{bmatrix}$$

$$(2)\boldsymbol{B} = \begin{bmatrix} 1 & 2 & 3 & 1 \\ 2 & 4 & 6 & 2 \\ 1 & 0 & 1 & 1 \end{bmatrix}$$

$$(3)\boldsymbol{C} = \begin{bmatrix} 1 & 2 & 1 \\ 1 & a & 0 \\ 1-a & 2 & 1 \end{bmatrix}$$

$$(4)\boldsymbol{D} = \begin{bmatrix} 1 & 1 & 1 & 1 \\ 2 & 1 & 1 & 1 \\ a & 1 & 1 & 1 \end{bmatrix}$$

6. 设 $\boldsymbol{A},\boldsymbol{B}$ 皆为 n 阶方阵，若 $\boldsymbol{A}$ 是可逆矩阵，证明 rank$\boldsymbol{AB}$ = rank$\boldsymbol{BA}$ = rank$\boldsymbol{B}$。

7. 已知矩阵 A 满足 $A^2 = A$，且 $A \neq 0, A \neq E$，证明：

(1) $A + 2E$ 可逆；　　　　　　(2) A 不可逆。

8. 计算下列矩阵：（用分块矩阵）

(1) AB，其中 $A = \begin{pmatrix} 1 & 2 & 0 \\ 0 & 2 & 1 \\ 0 & 1 & 3 \end{pmatrix}$，$B = \begin{pmatrix} 2 & 1 & 1 \\ 0 & 3 & 2 \\ 0 & 1 & 4 \end{pmatrix}$

(2) $AB^{-1}, A^{-1}B$，其中 $A \begin{pmatrix} 2 & 1 & 0 & 0 \\ 5 & 3 & 0 & 0 \\ 0 & 0 & 1 & 2 \\ 0 & 0 & 2 & 5 \end{pmatrix}$，$B = \begin{pmatrix} 0 & 0 & 2 & 1 \\ 0 & 0 & 3 & 2 \\ 1 & 1 & 0 & 0 \\ 2 & 3 & 0 & 0 \end{pmatrix}$

自 测 试 题

一、判断题（对的打 $\sqrt{}$，错的打 $\times$）：

1. 设二阶方阵 A 与 B，则 $|A+B|=|A|+|B|$；　　　　　　　（　　）
2. 设二阶方阵 A 与 B，则 $|AB|=|A||B|$；　　　　　　　（　　）
3. 设二阶方阵 A，则 $|kA|=k|A|$；　　　　　　　　　　　（　　）
4. 设二阶方阵 A，如果 $A^2=0$，则 $A=0$；　　　　　　　　（　　）
5. $AB+A=A(B+1)$，其中 A,B 均是二阶方阵。　　　　　　（　　）

二、单项选择题：

1. A 是 $m \times n$ 的零矩阵，则（　　）。

A. $|A|=0$　　　B. $\mathrm{rank}(A)=0$　　　C. $A^2=O$　　　D. 以上都不正确

2. 如果 $A^{\mathrm{T}}A=O$，则（　　）。

A. $A=O$　　　B. $A^2=O$　　　C. $|A|=0$　　　D. 以上都不正确

3. 已知 n 阶方阵 A，则 $\det(2A)=$（　　）。

A. $2\det A$　　　B. $\dfrac{1}{2}\det A$　　　C. $2^n \det A$　　　D. $\det A$

4. 已知 A,B 分别为 $n \times m, m \times n$ 矩阵，且 $AB=O$，则（　　）。

A. $A=O$　　　B. $B=O$　　　C. $B^{\mathrm{T}}A^{\mathrm{T}}=O$　　　D. $A^{\mathrm{T}}B^{\mathrm{T}}=O$

5. n 阶方阵 A 可逆的充分必要条件不是（　　）。

A. $\det A=n$　　　　　　　　　　B. $\det A \neq 0$

C. $\mathrm{rank} A=n$　　　　　　　　D. A 为满秩矩阵

6. 任一矩阵经初等行变换一定可化为（　　）。

A. 对角矩阵　　　　　　　　　　B. 单位矩阵

C. 上三角矩阵　　　　　　　　　D. 行阶梯形矩阵

三、填空题

1. $(1\ \ 2\ \ 1)\begin{pmatrix} 1 \\ 1 \\ 1 \end{pmatrix}=$（　　）。

2. 设 $A = \begin{pmatrix} 0 & 1 & \\ & 0 & 1 \\ & & 0 \end{pmatrix}$,则 $\operatorname{rank} A^2 = ($ $)$。

3. 若 $A = \begin{pmatrix} & & 2 \\ & 3 & \\ -1 & & \end{pmatrix}$,则 $A^{-1} = ($ $)$。

4. 设 A 是 $5 \times m$ 矩阵,B 是 $3 \times n$ 矩阵,$C = AB$ 是 5×2 矩阵,则 $m = ($ $)$,$n = ($ $)$。

5. 若矩阵 $A = \begin{pmatrix} 1 & 1 \\ 2 & a \end{pmatrix}$ 且 $\operatorname{rank} A = 1$,则 $a = ($ $)$。

四、计算题

设 $A = \begin{pmatrix} 3 & 1 & 0 \\ 2 & 0 & 1 \end{pmatrix}$,$B = \begin{pmatrix} 1 & -1 & 3 \\ 2 & -1 & 4 \end{pmatrix}$,求 $A^{\mathrm{T}}B - 2B^{\mathrm{T}}A$,$2AB^{\mathrm{T}} + BA^{\mathrm{T}}$。

五、求下列矩阵的秩:

1. $A = \begin{bmatrix} 1 & 2 & 1 & 2 \\ 2 & 1 & 2 & 1 \\ 1 & 1 & 1 & 1 \end{bmatrix}$
2. $B = \begin{bmatrix} 2 & 1 & 3 & 0 \\ 1 & 1 & 0 & 4 \\ 1 & 0 & 3 & -4 \end{bmatrix}$

六、已知

$$A = \begin{bmatrix} 1 & 2 & 2 \\ 2 & 1 & 2 \\ 2 & 2 & 1 \end{bmatrix}, \quad B = \begin{bmatrix} 1 & & \\ & 2 & \\ & & 3 \end{bmatrix}, \quad C = \begin{bmatrix} & & 2 \\ & 3 & \\ 1 & & \end{bmatrix}$$

矩阵方程 $XA = 2BXA + C$，求 X.

第 十 章   线 性 方 程 组

本章教学的基本要求:了解 n 维向量的概念,线性方程组的概念;掌握齐次线性方程组有非零解的充分必要条件,非齐次线性方程组有解的充分必要条件以及线性方程组有解的判定方法。用初等行变换求线性方程组的通解的方法。

本章重点、难点及考点:向量组线性相关 性的概念,向量组的重要结论;向量组的极大无关组和秩的概念、齐次线性方程组的基础解系的概念;线性方程组的通解的概念;线性方程组有解的判定及求通解的方法。

综 合 练 习

1. 设 $\alpha_1 = (1,0)$, $\alpha_2 = (2,1,-3)$, $\alpha_3 = (1,3)$, $\alpha_4 = (1,0,-2)$, $\alpha_5 = (1,-1,-2)$, $\alpha_6 = (1,2,3,4)$, $\alpha_7 = (1,0,2,4)$, 判断下列运算是否有意义,并计算有意义的算式:

(1) $\alpha_1 = 2\alpha_2$;　　　　　(2) $\alpha_1 + 3\alpha_3$　　　　　(3) $2\alpha_2 + 3\alpha_4$

(4) $\alpha_4 - 3\alpha_6$　　　　　(5) $2\alpha_4 - 3\alpha_5 + \alpha_2$　　　(6) $\alpha_5 - 2\alpha_6 + \alpha_7$

2. 设 $\boldsymbol{\alpha}_1 + 2\boldsymbol{\alpha}_2 = \boldsymbol{\alpha}_3$，其中 $\boldsymbol{\alpha}_1 = (1,2,-3)$，$\boldsymbol{\alpha}_2 = (a,b,2)$，$\boldsymbol{\alpha}_3 = (2,0,c)$，求 a,b,c。

3. 设向量 $\boldsymbol{\alpha}$ 满足 $2(\boldsymbol{\alpha}_1 - \boldsymbol{\alpha}) + 3(\boldsymbol{\alpha}_2 + \boldsymbol{\alpha}) = 2\boldsymbol{\alpha}_3$，其中 $\boldsymbol{\alpha}_1 = (1,0,2)$，$\boldsymbol{\alpha}_2 = (-1,3,0)$，$\boldsymbol{\alpha}_3 = (1,2,1)$，求 $\boldsymbol{\alpha}$。

4. 设 $\boldsymbol{\alpha}_1 = (1,0)$，$\boldsymbol{\alpha}_2 = (0,1)$，$\boldsymbol{\beta} = (2,-3)$，问 β 能否由 $\alpha_1 \alpha_2$ 线性表示。

5. 设向量 $\boldsymbol{\alpha}_1 = (a,b,1)$，$\boldsymbol{\alpha}_2 = (3,2,1)$，问 a,b 为何值时 $\boldsymbol{\alpha}_1$ 可由 $\boldsymbol{\alpha}_2$ 线性表示？

6. 设 $\boldsymbol{\alpha}_1 = (1,2,3)^T, \boldsymbol{\alpha}_2 = (2,1,0)^T, \boldsymbol{\beta} = (0,5,-2)^T$,试问 $\boldsymbol{\beta}$ 能否由 $\boldsymbol{\alpha}_1$,$\boldsymbol{\alpha}_2$ 线性表示。

7. 不用计算,判断下列向量组的线性相关性:
(1)$\boldsymbol{\alpha}_1 = (1,2,1), \boldsymbol{\alpha}_2 = (2,2,1), \boldsymbol{\alpha}_3 = (2,4,2)$。
(2)$\boldsymbol{\alpha}_1 = (1,2), \boldsymbol{\alpha}_2 = (1,1)$。
(3)$\boldsymbol{\alpha}_1 = (1,1), \boldsymbol{\alpha}_2 = (2,3), \boldsymbol{\alpha}_3 = (1,4)$。
(4)$\boldsymbol{\alpha}_1 = (0,0,0), \boldsymbol{\alpha}_2 = (0,1,3), \boldsymbol{\alpha}_3 = (1,2,3)$.

8. 判断下列向量组的线性相关性:
(1)$\boldsymbol{\alpha}_1 = (1,1,1), \boldsymbol{\alpha}_2 = (1,3,1), \boldsymbol{\alpha}_3 = (0,1,4)$。
(2)$\boldsymbol{\alpha}_1 = (1,2,1,2)^T, \boldsymbol{\alpha}_2 = (2,1,2,1)^T, \boldsymbol{\alpha}_3 = (1,1,0,1)^T, \boldsymbol{\alpha}_4 = (1,3,0,3)^T$。
(3)$\boldsymbol{\alpha}_1 = (1,1,1,1), \boldsymbol{\alpha}_2 = (1,2,0,0), \boldsymbol{\alpha}_3 = (0,1,0,2), \boldsymbol{\alpha}_4 = (0,0,0,1)$.

9. 设向量组 $\boldsymbol{\alpha}_1 = (k,1,1), \boldsymbol{\alpha}_2 = (1,k,1), \boldsymbol{\alpha}_3 = (1,1,k)$，问 k 为何值时该向量组线性相关。

10. 设向量组 $\boldsymbol{\alpha}_1, \boldsymbol{\alpha}_2, \cdots, \boldsymbol{\alpha}_m$ 线性无关，向量 $\boldsymbol{\beta}$ 不能由 $\boldsymbol{\alpha}_1, \boldsymbol{\alpha}_2, \cdots, \boldsymbol{\alpha}_m$ 线性表示，证明 $\boldsymbol{\beta}, \boldsymbol{\alpha}_1, \boldsymbol{\alpha}_2, \cdots, \boldsymbol{\alpha}_m$ 线性无关。

11. 设向量组 $\boldsymbol{\alpha}_1,\boldsymbol{\alpha}_2,\boldsymbol{\alpha}_3$ 线性无关,证明向量组 $\boldsymbol{\alpha}_1+2\boldsymbol{\alpha}_2,\boldsymbol{\alpha}_2+2\boldsymbol{\alpha}_3,\boldsymbol{\alpha}_3+2\boldsymbol{\alpha}_1$ 线性无关。

12. 求下列向量组的秩和一个极大无关组:
(1) $\boldsymbol{\alpha}_1=(1,1,0),\boldsymbol{\alpha}_2=(2,1,2),\boldsymbol{\alpha}_3=(1,0,1)$。

(2) $\boldsymbol{\alpha}_1=(1,1,1,1)^{\mathrm{T}},\boldsymbol{\alpha}_2=(1,2,1,2)^{\mathrm{T}},\boldsymbol{\alpha}_3=(2,1,2,1)^{\mathrm{T}},\boldsymbol{\alpha}_4=(2,0,0,2)^{\mathrm{T}}$。

(3) $\boldsymbol{\alpha}_1=(1,0,1,0),\boldsymbol{\alpha}_2=(2,0,2,0),\boldsymbol{\alpha}_3=(0,1,0,2),\boldsymbol{\alpha}_4=(1,1,1,2)$。

13. 设向量 $\boldsymbol{\alpha}_1=(a,1,1)$，$\boldsymbol{\alpha}_2=(1,1,1)$，$\boldsymbol{\alpha}_3=(1,2,a)$，问 a 为何值时该向量组的秩为 2。

14. 设向量组 $\boldsymbol{\alpha}_1,\boldsymbol{\alpha}_2,\cdots,\boldsymbol{\alpha}_r$ 是向量组 $\boldsymbol{\alpha}_1,\boldsymbol{\alpha}_2,\cdots,\boldsymbol{\alpha}_m(m>r)$ 的极大无关组，证明 $\boldsymbol{\alpha}_i(1\leqslant i\leqslant m)$ 可由 $\boldsymbol{\alpha}_1,\boldsymbol{\alpha}_2,\cdots,\boldsymbol{\alpha}_r$ 线性表示。

15. 求齐次线性方程组
$$\begin{cases} x_1+x_2+x_3+x_4=0 \\ x_1-x_2+x_3-x_4=0 \\ 3x_1+x_2+3x_3+x_4=0 \end{cases}$$
的基础解系及通解。

16. 求非齐次线性方程组

$$\begin{cases} x_1 + x_2 + x_3 + x_4 = 1 \\ x_1 + 2x_2 + 2x_3 - x_4 = 2 \\ 2x_1 + x_2 + 4x_3 + x_4 = 3 \end{cases}$$

的通解。

17. λ 取何值时,线性方程组

$$\begin{cases} \lambda x_1 + 2x_2 + 2x_3 = 1 \\ 2x_1 + \lambda x_2 + 2x_3 = 3 \\ 2x_1 + 2x_2 + \lambda x_3 = \lambda \end{cases}$$

有唯一解、无解、有无穷多解;在有无穷多解时,求方程组的通解。

自 测 试 题

一、判断题(对的打 √,错的打 ×):

1. 设 A 是 $m \times n$ 矩阵,如果 $\text{rank}A = n$,则线性方程组 $Ax = b$,有唯一解;

（　　）

2. 设 A 是 $m \times n$ 矩阵,如果 $\text{rank}A < n$,则齐次线性方程组 $Ax = 0$ 有非零解;

（　　）

3. 3 个二维向量一定线性相关;　　　　　　　　　　　　　　　　（　　）

4. 如果矩阵 A 的秩为 3,则 A 的行(列)向量组的秩也为 3;　（　　）

5. 如果某向量组线性无关,则该向量组的任意部分向量一定线性无关。

（　　）

二、单项选择题

1. 下列向量组线性无关的是(　　)。

A. $(1,0,0,4),(2,1,1,1),(1,1,1,-3)$

B. $(1,0,0),(0,2,1),(0,0,0)$

C. $(1,2)(2,1),(3,4)$

D. $(1,0,0,0),(1,1,0,0),(1,1,1,0),(1,1,1,1)$

2. 设 A 是 $m \times n$ 矩阵,如果线性方程组 $Ax = b$ 有唯一解,则(　　)。

A. $\text{rank}A = n$　　　B. $\text{rank}A < n$　　　C. $\text{rank}A > n$　　　D. $\text{rank}A \leqslant n$

3. 设 A 是 $m \times n$ 矩阵,$\text{rank}A = m$,则非齐次线性方程组 $Ax = b$ 一定

(　　)。

A. 无解　　　　　　　　　　　B. 有解

C. 不确定　　　　　　　　　　D. 以上都不正确

4. k 满足(　　)时,向量组 $\boldsymbol{\alpha}_1 = (k,1,1),\boldsymbol{\alpha}_2 = (1,k,1),\boldsymbol{\alpha}_3 = (1,1,k)$ 线性无关。

A. $k \neq 1$　　　　　　　　　　B. $k \neq -2$

C. $k \neq 1$ 或 $k \neq -2$　　　　　D. $k \neq 1$ 且 $k \neq -2$

5. 设 A,B 均为 3 阶方阵,且 $AB = O,B \neq O,A = \begin{bmatrix} 1 & 2 & 0 \\ 2 & 1 & 0 \\ 1 & 1 & a-1 \end{bmatrix}$,则 $a =$

( )。

A. 0   B. 1   C. −1   D. 2

三、填空题

1. 如果向量组 $\boldsymbol{\alpha}_1, \boldsymbol{\alpha}_2, \cdots, \boldsymbol{\alpha}_m$ 线性无关,$\boldsymbol{\beta}, \boldsymbol{\alpha}_1, \boldsymbol{\alpha}_2, \cdots, \boldsymbol{\alpha}_m$ 线性相关,则 $\boldsymbol{\beta}$ 一定_____向量组 $\boldsymbol{\alpha}_1, \boldsymbol{\alpha}_2, \cdots, \boldsymbol{\alpha}_m$ 线性表示。

2. 如果向量组 $\boldsymbol{\alpha}_1, \boldsymbol{\alpha}_2, \boldsymbol{\alpha}_3$ 线性无关,则向量组 $\boldsymbol{\alpha}_1, \boldsymbol{\alpha}_3$ 一定_____。

3. 齐次线性方程组 $\boldsymbol{Ax} = \boldsymbol{0}$ 一定_____。

4. 若 $\boldsymbol{A}$ 是 $m \times n$ 矩阵,$\mathrm{rank}\boldsymbol{A} = n - 1$,$\boldsymbol{A}$ 的每行元素的和均为 0,则齐次线性方程组的通解为_____。

5. 设 $\boldsymbol{A}$ 是 3×4 矩阵,$\mathrm{rank}\boldsymbol{A} = 3$,又 η_1, η_2 是 $\boldsymbol{Ax} = \boldsymbol{b}(\boldsymbol{b} \neq 0)$ 的两个不同解,其中 $\eta_1 = (1,2,1)^\mathrm{T}, \eta_2 = (1,3,2)^\mathrm{T}$,则 $\boldsymbol{Ax} = \boldsymbol{b}$ 的通解为_____。

四、计算题

设 $\boldsymbol{\alpha} = (1,2,3), \boldsymbol{\beta} = (2,1,1)$,求 $3\boldsymbol{\alpha} - 2\boldsymbol{\beta}$.

五、判断下列向量组的线性相关性

1. $\boldsymbol{\alpha}_1 = \begin{pmatrix} 1 \\ 2 \\ 1 \end{pmatrix}, \boldsymbol{\alpha}_2 = \begin{pmatrix} 0 \\ 1 \\ 3 \end{pmatrix}, \boldsymbol{\alpha}_3 = \begin{pmatrix} 1 \\ 3 \\ 2 \end{pmatrix}$ 2. $\boldsymbol{\alpha}_1 = \begin{pmatrix} 1 \\ 1 \\ 1 \end{pmatrix}, \boldsymbol{\alpha}_2 = \begin{pmatrix} 2 \\ 1 \\ 2 \end{pmatrix}, \boldsymbol{\alpha}_3 = \begin{pmatrix} 3 \\ 4 \\ 3 \end{pmatrix}$

六、求向量组

$$\boldsymbol{\alpha}_1 = \begin{pmatrix} 2 \\ 1 \\ 3 \\ -1 \end{pmatrix}, \quad \boldsymbol{\alpha}_2 = \begin{pmatrix} 2 \\ 4 \\ 1 \\ 0 \end{pmatrix}, \quad \boldsymbol{\alpha}_3 = \begin{pmatrix} 0 \\ 3 \\ -2 \\ 1 \end{pmatrix}, \quad \boldsymbol{\alpha}_4 = \begin{pmatrix} 1 \\ 2 \\ 2 \\ 1 \end{pmatrix}$$

的一个极大无关组和秩。

七、设线性方程组

$$\begin{cases} x_1 + x_2 + x_3 + x_4 = 1 \\ x_1 - 2x_2 + x_3 - x_4 = a \\ 2x_1 - x_2 + 2x_3 \quad\quad = 2 \end{cases}$$

问 a 为何值时,该线性方程组有解,在有无穷多解时,求出通解。

第十一章　随机事件与概率

本章教学基本要求:掌握随机试验与随机事件的概念、事件的关系和运算及其运算律、事件的概率、概率的统计定义、古典定义、概率的基本性质,同时要求会用加法公式、条件概率、乘法公式、全概率公式、二项分布等公式计算。

本章重点、难点及考点:概率的古典定义、条件概率、乘法公式、全概率公式、贝叶斯公式、事件的独立性、二项概率分布。

综 合 练 习

1.试说明随机试验应具有的三个特点。

2.举例说明两个相互对立的事件一定是不相容事件,但是两个不相容事件一般未必就是对立事件。

3.设 A,B,C 表示三个随机事件,用 A,B,C 的交并补运算表示下列三个事件:
(1) 三个事件都发生;
(2) 三个事件至少有一个发生;
(3) 三个事件都不发生。

4.写出下列事件的样本空间：

（1）把一枚硬币抛掷一次；

（2）把一枚硬币连续抛掷两次；

（3）掷一枚硬币，直到首次出现正面为止；

（4）一个库房在某一个时刻的库存量（假定最大容量为 m）。

5.设 A 表示事件"甲种产品滞销，乙种产品畅销"，则其对立事件 $\overline{A}$ 表示什么？

6.一部五卷文集任意地排列到书架上，问卷号自左向右或自右向左恰好为 12345 的顺序的概率等于多少？

7.设 A 与 B 互不相容, $P(A) = 0.5$, $P(B) = 0.2$,求 $P(A \cup B)$ 。

8.设 A 与 B 相互独立, $P(A) = 0.5$, $P(B) = 0.2$,求 $P(A \cup B)$ 。

9.每次试验中 A 出现的概率为 $\frac{1}{4}$,求在三次试验中 A 至少出现一次的概率。

10.三个人独立地破译密码,他们能译出的概率分别为 $\frac{1}{4}$, $\frac{1}{3}$, $\frac{1}{2}$,求此密码能被译出的概率是多少?

11. 袋中有 4 个白球,2 个红球.从中任取 3 个,则恰好取到 2 个白球的概率是多少?

12. 设甲、乙二人独立地向同一目标各射击 1 次,其命中率分别为 0.6 和 0.5,则目标被击中的概率是多少?

13. 设 A,B 为随机事件,$P(B)=p,P(AB)=q$,求 $P(A \bigcup \bar{B})$。

14. 书架上任意放置 10 本不同的书,其中指定的三本放在一起的概率是多少?

15. 设 A,B,C 为三个随机事件，A 与 C 互不相容，$P(AB)=\dfrac{1}{2}$，$P(C)=\dfrac{1}{3}$，求 $P(AB\mid\bar{C})$。

16. 50 个产品中有 46 个合格品与 4 个废品，从中一次抽取三个，计算取到废品的概率。

17. 设 A 与 B 独立，$P(A)=0.4$，$P(A\bigcup B)=0.7$，求概率 $P(B)$。

18. 设事件 A 与 B 的概率都大于 0，如果 A 与 B 独立，问它们是否互不相容，为什么？

19. 某工厂有两个车间生产同型号的家用电器,第 1 车间产品的合格率为 0.8,第 2 车间的产品合格率为 0.7,两个车间生产的产品混合堆放在一个仓库中,假设第 1、2 车间生产的成品比例为 2:3,今从成品仓库中随机取一件产品,求该产品的合格的概率。

20. 将 3 个小球随机地向标号为 1,2,3,4 的四个盒子中投放(每个盒子中装球个数不限),求:(1)第 2 号盒子中恰好装 1 个球的概率;(2)第 1,2 号盒子中各装 1 个球的概率。

21. 设某种动物由出生活到 20 岁的概率为 0.8,活到 25 岁的概率为 0.4,求现为 20 岁的动物活到 25 岁的概率为多少?

22. 某工厂有甲、乙、丙三个车间，生产同一种产品，每个车间的产量分别占全厂的 25%，35%，40%，各车间产品的次品率分别为 5%，4%，2%，求全厂产品的次品率。

23. 设一口袋装有 5 只红球及 2 只白球，从袋中任取一只球后，看过颜色后放回袋中，再从袋中任取一只球。求下列事件的概率：

（1）第一次、第二次都取到红球。

（2）取出两只球中一只是红球，一只是白球。

24. 一个机床有三分之一的时间加工零件 A，其余时间加工零件 B，加工零件 A 时，停机的概率为 0.3，加工零件 B 时停机的概率为 0.4，求这个机床停机的概率。

自 测 试 题

一、判断题（对的打 $\sqrt{}$，错的打 $\times$）：

1. A 事件与 B 事件相互包含，则 A 事件等于 B 事件；　　　　　　（　　　）
2. A 事件与 B 事件互斥，则 A 事件与 B 事件对立；　　　　　　（　　　）
3. 如果 A 事件包含 B 事件，则 $P(A) \leqslant P(B)$。　　　　　　（　　　）

二、单项选择题

1. 设 A 为一个随机事件，则满足（　　　）。

A. $P(A) < 0$　　　　B. $P(A) > 1$　　　　C. $P(A) = 1$　　　　D. $0 \leqslant P(A) \leqslant 1$

2. 设事件 A 与事件 B 互斥，则（　　　）。

A. $P(A) < P(B)$　B. $P(A) = P(B)$　C. $A \subseteq B$　　　　D. $A \cap B = \varnothing$

3. 设事件 A 与事件 B 独立，则（　　　）。

A. $P(A) + P(B) = 1$　　　　　　　　B. $A \cap B = \varnothing$

C. $P(AB) = P(A)P(B)$　　　　　　　D. $A \cup B = \Omega$

4. 10 件产品中有 1 件是次品，从中任取 2 件，其中基本事件的总数为则（　　　）。

A. 45　　　　　　B. 30　　　　　　C. 100　　　　　　D. 10

三、填空题：

1. 已知 $P(\overline{A}) = 0.4$，则 $P(A) = \underline{\hspace{2cm}}$。

2. 设事件 A 与 B 互斥，则 $P(A \cap B) = \underline{\hspace{2cm}}$。

3. 54 张扑克牌，一次任意取 4 张，取到 4 张都是 Q 的概率为 $\underline{\hspace{2cm}}$。

4. 设 $P(A) = 0.3$，$P(AB) = 0.2$，则 $P(B \mid A) = \underline{\hspace{2cm}}$。

四、从一批灯泡中，任取一只，测试其寿命. 试写出其样本空间及用样本空间的子集表示随机事件"灯泡的寿命为 $500 \sim 520\text{h}$"。

五、某厂有 A_1,A_2,A_3 三条流水线生产同一产品,每条流水线的产品分别占总 量的 $25\%,35\%,40\%$,又这三条流水线的次品率分别为 $0.05,0.04,0.02$。现从出厂的产品中任取一件,得到是次品,求它是流水线 A_1 生产的概率。

六、大城市电话号码由 8 位数组成,除首位数非 0 外,其余位数可以是 $0,1,2,\cdots,9$ 中的任一数,求电话号码是由完全不同的数字组成的概率。

七、设某批产品中,甲、乙、丙三厂生产的产品分别占 $45\%,35\%,20\%$,各厂产品的次品率分别为 $4\%,2\%,5\%$,现从中任取一件:

(1)求取到的是次品的概率;

(2)经检验发现取到的产品为次品,求该产品是甲厂生产的概率。

第十二章　随机变量及其数字特征

　　本章教学基本要求：要求掌握随机变量的概念、离散型随机变量及其分布律、连续型随机变量及其分布密度、分布函数的概念及其性质、离散型随机变量的数学期望的定义、连续型随机变量的数学期望的定义、数学期望的性质、随机变量函数的数学期望、随机变量的方差及其性质以及常见分布的期望与方差。

　　本章重点、难点及考点：分布函数、二项分布、泊松分布、正态分布、离散型数学期望、连续型数学期望、方差。

综 合 练 习

　　1.随机变量 X 的分布函数为
$$F(x) = A + B\arctan x$$
　　(1) 求 A 与 B 的值；(2) 求 $F(0)$。

　　2.设随机变量 X 的密度函数为 $f(x) = \begin{cases} 2x, & 0 < x < C \\ 0, & \text{其他} \end{cases}$，试求 (1) 常数 C；(2) X 的分布函数。

3. 测得一圆形物件的半径为 R，其分布律为

R	10	11	12	13
p_i	0.1	0.4	0.3	0.2

试求圆周长 X 与圆面积 Y 的分布律。

4. 试确定常数 A，使 $P(X=i)=\dfrac{A}{2^i}$，（$i=0,1,2,3$）成为某个随机变量 X 的分布律。并求 $P(X\leqslant 2)$ 以及 $P\left(\dfrac{1}{2}<X<\dfrac{5}{2}\right)$。

5. 设随机变量 X 具有分布密度

$$f(x)=\begin{cases} Ke^{-3x}, & x>0 \\ 0, & x\leqslant 0 \end{cases}$$

（1）试确定常数 K；（2）求 $P(X>0.1)$。

6. 已知随机变量 X 的分布列为: $P(X=k)=\dfrac{2^kC}{k!}$, $k=0,1,2,\cdots$, 则常数 C 取_____。

7. 设随机变量 X 服从参数为 λ 的泊松分布, $P(X\geqslant 1)=4/5$, 求 λ。
($\ln 5=1.6$)

8. 一盒中有 5 个纪念章, 编号为 $1,2,3,4,5$. 在其中等可能地任取 3 个, 用 X 表示取出的 3 个纪念章上的最大号码, 求随机变量 X 的分布律和分布函数。

9. 电话交换台每分钟的呼叫次数 X 服从参数为 $\lambda=3$ 的泊松分布, 求
(1) 每分钟恰有 6 次呼唤的概率;
(2) 每分钟的呼唤次数大于 10 的概率。

10. 设连续型随机变量 X 的密度函数为 $f_X(x) = \begin{cases} 2x^3\mathrm{e}^{-x}, & x \geqslant 0 \\ 0, & x < 0 \end{cases}$. 求：$Y = 2X + 3$ 的密度函数。

11. 设随机变量 X 的分布律为

X	-2	0	2
P	0.4	0.3	0.3

求 $E(X)$，$E(X^2)$，$E(3X^2 + 5)$。

12. 设随机变量 X 和 Y 相互独立，其中 X 服从区间 $[0, 2\pi]$ 上的均匀分布，Y 服从均值 μ 和方差 $\sigma^2 (\sigma > 0)$ 的正态分布，试求 $E(3X + 1)$，$E(X \pm Y)$，$E(XY + Y^2)$。

13. 设随机变量 X 的概率分布密度函数为 $p(x) = \exp(-|x|)/2, (-\infty < x < +\infty)$,求 X 的期望与方差.

14. 已知 $X \sim N(1,3^2), Y \sim N(0,4^2)$ 且相互独立,设 $Z = X/3 + Y/2$,求 $D(3Z) + E(6Z)$.

思考题目

15. 设随机变量 X 的概率分布密度函数为

$$f(x) = \begin{cases} 2a + bx^2, & 0 \leqslant x \leqslant 1 \\ 0, & \text{其他} \end{cases}$$

且 $E(X) = \dfrac{3}{5}$,试确定系数 a, b,并求 $D(X)$.

16.某车间有 4 台车床,各台车床的开和停是相互独立的,如果每台车床停车的概率是 1/3,求停车数 X 的概率分布及其数学期望和方差.

17.设某厂生产产品不合格率为 10%,假设生产一件不合格品要亏损 2元,每生产一件合格品,则获利 10 元,求每件产品的平均利润.

自 测 试 题

一、判断题(对的打 $\sqrt{}$,错的打 $\times$):

1.设 $p(x)$ 是某一随机变量 X 的概率分布密度函数,则 $\int_{-\infty}^{+\infty} p(x)\mathrm{d}x = 1$;

(　　)

2.如果 $p(x)$ 是随机变量 X 的概率分布密度函数,则 $\int_{-\infty}^{+\infty} xp(x)\mathrm{d}x$ 为随机变量 X 的数学期望;

(　　)

3.如果 $E(X)=6$,则 $E(3X+4)=22$;　　　　　　　　　　(　　)

4.X 服从正态分布 $N(0,1)$,则 $P(X \leqslant 0)=\dfrac{1}{3}$;　　　　　(　　)

5.若 X,Y 相互独立,则 $D(X-2Y)=D(X)-4D(Y)$ 。　　(　　)

二、单项选择题:

1.设随机变量 $X \sim N(\mu,\sigma^2)$,其概率密度的最大值为(　　　)。

A. 0　　　　　　B. 1　　　　　　C. $\dfrac{1}{\sqrt{2\pi}}$　　　　　D. $(2\pi\sigma^2)^{-\frac{1}{2}}$

2. 设随机变量 $X \sim N(\mu,\sigma^2)$，且 $p(X \leqslant c) = p(X > c)$，则 $c = ($ 　　$)$。

A. 0　　　　　　B. μ　　　　　　C. $-\mu$　　　　　D. σ

3. 设 X 服从参数为 $\lambda = \dfrac{1}{9}$ 的指数分布，$F(x)$ 为其分布函数，则 $p\{3 < X < 9\} = ($ 　　$)$。

A. $F(1) - F\left(\dfrac{3}{9}\right)$　　　　　　B. $\dfrac{1}{9}\left(\dfrac{1}{\sqrt[3]{e}} - \dfrac{1}{e}\right)$

C. $\dfrac{1}{\sqrt[3]{e}} - \dfrac{1}{e}$　　　　　　D. $\displaystyle\int_0^9 e^{-x/3}dx$

4. 若随机变量 X_1,X_2 的分布函数为 $F_1(x)$ 与 $F_2(x)$ 则 a,b 取值为 $($ 　　$)$ 时，可使 $F(x) = aF_1(x) - bF_2(x)$ 为某随机变量的分布函数。

A. $3/5, -2/5$　　B. $2/3, 2/3$　　C. $-1/2, 3/2$　　D. $1/2, -3/2$

5. 在下列命题中正确的是$($ 　　$)$。

A. $X \sim P(\lambda), E(X^2) = 2\lambda^2$　　　B. $X \sim \exp(\lambda), E(X^2) = 1/\lambda$

C. $X \sim B(1,p), E(X^2) = p$　　　D. $X \sim N(0,1), E(X^2) = 1$

三、填空题：

1. 若随机变量 X 在 $[1,6]$ 上服从均匀分布，求方程 $x^2 + Xx + 1 = 0$ 有实根的概率为_____。

2. 已知随机变量 $X \sim \begin{pmatrix} -1 & 0 & 1 & 2 \\ 0.2 & 0.1 & 0.2 & 0.5 \end{pmatrix}$，则 $EX =$ _____，及 $E(X^2 - 2X + 3) =$ _____. 。

3. 设随机变量 X 服从区间 $[0,4]$ 上的均匀分布，则 $P(X > EX) =$ _____。

4. 设随机变量 X 的分布律为 $\begin{pmatrix} -1 & 1 & 2 & 3 \\ 1/8 & 1/8 & 3/8 & 3/8 \end{pmatrix}$，令 $Y = \ln(X^2)$，则 Y 的分布律为_____。

5. 设 $X \sim P(9), Y \sim B(16,0.5)$，$X$ 与 Y 独立，则 $D(X - 2Y + 1) =$ _____。

6. 现有 10 张奖券，其中 8 张 2 元，2 张 5 元，某人从中随机抽取 3 张. 则此人得奖金的数学期望为_____。

四、设连续型随机变量的分布函数为

$$F(x)=\begin{cases}0, & x<0 \\ Ax^2, & 0\leqslant x<1 \\ 1, & x\geqslant 1\end{cases}$$

(1) 试求系数 A;(2) 求 $P(0.3<X<0.7)$;(3) 求概率分布密度函数 $f(x)$。

五、设随机变量 $X\sim B(6,p)$,已知 $P(X=1)=P(X=5)$,求 p 与 $P(X=3)$ 的值。

六、设 X 的概率密度为 $f(x)=\begin{cases}e^{-x}, & x>0 \\ 0, & 其他\end{cases}$,求 $E(e^{-2X})$。

七、设离散随机变量 X 仅取两个可能值 a, b, $(a < b)$，且 $P(X=a)=$ $0.6, EX=1.4, DX=0.24$，求其分布律。

八、设 X 的概率密度为 $f(x) = \begin{cases} 1-|1-x|, & 0 < x < 2 \\ 0, & \text{其他} \end{cases}$，求 $E(X)$。

第十三章　统计推断

本章教学基本要求：要求掌握总体、样本、统计量、样本矩的概念、统计量的抽样分布的概念、矩估计、最大似然估计、估计量的评价标准、区间估计的概念、置信区间、置信度的概念、数学期望的区间估计、方差的区间估计、假设检验的概念、U — 检验、χ^2 — 检验、t — 检验。

本章重点、难点及考点：样本均值、样本方差、修正的样本方差、常用统计量的性质、矩估计与最大似然估计、总体期望与方差区间估计以及相应的假设检验。

综 合 练 习

1. 设 $(4,6,4,3,5,4,5,8,4,7)$ 是来自总体 X 的样本值,则样本均值 $\bar{x}$,样本方差 S_{10}^2,修正样本方差 S_{10}^{*2} 各是多少?

2. 设 $(X_1, X_2, \cdots, X_n)$ 是来自总体 $B(N,p)$ 的样本,试求样本的分布律以及 $E\bar{X}$, $D\bar{X}$, ES_n^2, ES_n^{*2}。

3.查表 13-1 求下列分位数

表 13-1

	$u_{\alpha/2}$	$t_{\alpha/2}(14)$	$\chi^2_{\alpha/2}(10)$	$\chi^2_{1-\alpha/2}(10)$	$F_{\alpha/2}(8,5)$	$F_{1-\alpha/2}(8,5)$
$\alpha = 0.05$						
$\alpha = 0.1$						

4.设总体 $X \sim N(0,1)$，从从总体中取一个容量为 6 的样本 $X_1, \cdots, X_6$，令 $Y = (X_1 + X_2 + X_3)^2 + (X_4 + X_5 + X_6)^2$，试确定常数 c，使得 cY 服从 χ^2 分布。

5. (X_1, X_2, X_3, X_4) 是来自正态总体 $N(0, \sigma^2)$ 的样本，求 $Y = \dfrac{(X_1 + X_2)^2}{(X_3 - X_4)^2}$ 的分布。

6.设总体 $X \sim B(N, p)$，p 未知，$(X_1, X_2, \cdots, X_n)$ 是来自总体的样本，试求参数 p 的矩估计量。

7. 设总体 X 的概率密度为

$$p(x) = \begin{cases} \theta x^{\theta-1}, & 0 < x < 1 \\ 0, & \text{其他} \end{cases}$$

$(X_1, X_2, \cdots, X_n)$ 是来自总体的样本,试求 θ 的最大似然估计。

8. 设总体 X 的概率密度为

$$p(x) = \begin{cases} \dfrac{6}{\theta^3}(\theta x - x^2), & 0 < x < \theta \\ 0, & \text{其他} \end{cases}$$

$(X_1, X_2, \cdots, X_n)$ 是来自总体的样本,试求 θ 的矩估计量。

9. 设总体 X 的概率密度为

$$p(x) = \begin{cases} \dfrac{1}{\theta}\exp(-x/\theta), & x > 0 \\ 0, & \text{其他} \end{cases}$$

$(X_1, X_2, \cdots, X_n)$ 是来自总体的样本,

(1) 试求参数 θ 的矩估计量 $\hat{\theta}_M$;

(2) 试求参数 θ 的最大似然估计量 $\hat{\theta}_L$;

(3) $\hat{\theta}_M$ 和 $\hat{\theta}_L$ 哪个是 θ 的无偏估计?

10. 设总体 X 的概率分布为

X	0	1	2	3
P	θ^2	$2\theta(1-\theta)$	θ^2	$1-2\theta$

其中 $\theta(0 < \theta < 1/2)$ 是未知参数,利用 X 的如下样本值

$$3,1,3,0,3,1,2,3$$

求解 θ 的矩估计值。

11. 设总体 $X \sim N(\mu,1)$,(X_1,X_2) 为来自总体的样本,以下关于 μ 的估计量哪个最有效?

$$\hat{\mu}_1 = \frac{1}{4}X_1 + \frac{3}{4}X_2, \quad \hat{\mu}_2 = \frac{1}{2}X_1 + \frac{1}{2}X_2$$

$$\hat{\mu}_3 = \frac{1}{7}X_1 + \frac{3}{7}X_2, \quad \hat{\mu}_4 = \frac{2}{5}X_1 + \frac{3}{5}X_2$$

12. 从一批显像管中随机抽取 100 件,其平均寿命为 10000h,可以认为显像管的寿命服从正态分布,已知均方差 $\sigma = 40$h,以置信度 95% 求出整批显像管平均寿命 μ 的置信区间。

13.已知某厂生产的钢筋强度服从正态分布 $N(\mu,\sigma^2)$，σ 未知，随机抽取 5 根，测得强度值如下：1.32，1.35，1.36，1.40，1.44，求参数 σ^2 的置信度为 99% 的置信区间。

14.从一批滚珠中随机抽取 8 件进行测量，其平均值与修正样本方差分别为 15.01 和 0.096，假设这批滚珠服从 $N(\mu,\sigma^2)$ 分布，试求 μ 的置信度为 95% 的置信区间。

15.设 $X_1,X_2,\cdots,X_n$ 是来自正态总体 $N(\mu,\sigma^2)$ 的简单随机样本，σ^2 已知，则检验问题 $H_0:\mu=\mu_0 \leftrightarrow H_1:\mu\neq\mu_0$ 的拒绝域是什么？σ^2 未知，则检验问题 $H_0:\mu=\mu_0 \leftrightarrow H_1:\mu\neq\mu_0$ 的拒绝域是什么？

16.已知某种零件的长度服从正态分布 $N(\mu,\sigma^2)$,今从这种零件中随机抽取 6 件,测的其长度如下(单位:m):2.4,2.5,2.6,3.0,2.5,2.0. 试求解如下检验问题, $H_0:\mu=2.2\leftrightarrow H_1:\mu\neq2.2,(\alpha=0.05)$ 。

17.设 $X_1,X_2,\cdots,X_{10}$ 是来自正态总体 $N(\mu,\sigma^2)$ 的简单随机样本,测的其样本均值为 $\overline{x}=2.7,\sum\limits_{i=1}^{10}(x_i-\overline{x})^2=25$,是否可认为 $\sigma^2=2.5$? $(\alpha=0.01)$ 。

18.某机器正常工作时,切割某原件的平均长度是 10.5cm,标准差是 0.15cm,今从一批原件中随机抽取 15 件,测量其结果分别为:10.4,10.6,10.1,10.4,10.5,10.3,10.3,10.2,10.9,10.6,10.8,10.5,10.7,10.2,10.7. 假定切割长度服从正态分布,且标准差没有变化,问该机器是否正常工作? $(\alpha=0.05)$ 。

19. 设在两种工艺条件下生产的产品的尺寸均服从正态分布,现各抽取 100 个样本,测的其尺寸,经计算得:

甲工艺:$n_1 = 100, \bar{x}_1 = 280, \sigma_1 = 28$

乙工艺:$n_2 = 100, \bar{x}_2 = 286, \sigma_2 = 28.5$

试问两种工艺生产的产品尺寸有无显著差异?($\alpha = 0.05$)。

20. 已知某厂生产的钢筋强度服从正态分布 $N(\mu, \sigma^2)$,σ^2 未知,某日抽取 5 根测的强度值如下:1.32,1.35,1.36,1.40,1.44. 检验假设 $H_0: \mu = 1.3 \leftrightarrow H_1: \mu \neq 1.3.$ ($\alpha = 0.01$)。

自 测 试 题

一、判断题(对的打 √,错的打 ×):

1. 设 $(X_1,X_2,\cdots,X_n)$ 为总体 X 的一个样本,则函数 $f(X_1,X_2,\cdots,X_n)$ 是统计量; ( )

2. 设 $(X_1,X_2,\cdots,X_n)$ 为总体 $f(x,\theta)$ 的一个样本,参数 θ 未知,其矩估计和最大似然估计一定不同; ( )

3. 设 $(X_1,X_2,\cdots,X_n)$ 为总体 $f(x,\theta)$ 的一个样本,参数 θ 未知,$\hat{\theta}$ 是 θ 的估计量,$E(\hat{\theta})=\theta$,则 $\hat{\theta}$ 具有无偏性; ( )

4. 设 $\hat{\theta}_1$ 和 $\hat{\theta}_2$ 均为 θ 的无偏估计量,若对任意样本容量 n 有 $D(\hat{\theta}_1)=D(\hat{\theta}_2)$ 则称估计量 $\hat{\theta}_1$ 比 $\hat{\theta}_2$ 有效; ( )

5. 设总体 $X\sim N(\mu,\sigma^2)$,则总体期望 μ 的置信度为 $1-\alpha$ 的置信区间为 $\left[\bar{x}-u_{\alpha/2}\dfrac{\sigma}{\sqrt{n}},\bar{x}+u_{\alpha/2}\dfrac{\sigma}{\sqrt{n}}\right]$。 ( )

二、单项选择题:

1. 设总体 $X\sim N(\mu,\sigma^2)$,μ 和 σ^2 未知,$X_1,X_2,\cdots,X_n$ 是来自总体的样本,则如下所示为统计量的是( )。

A. $\dfrac{1}{n}\sum_{i=1}^{n}(X_i-\mu)^3$ \qquad B. $\dfrac{1}{n}\sum_{i=1}^{n}(X_i-\bar{x})^2$

C. $\dfrac{1}{\sigma^2}\sum_{i=1}^{n}X_i$ \qquad D. $\dfrac{1}{n}\sum_{i=1}^{n}\left(\dfrac{X_i-\mu}{\sigma}\right)^2$

2. 设 $(X_1,X_2,\cdots,X_n)$ 为总体 $X\sim N(\mu,\sigma^2)$ 的一个样本,$\bar{x}=\dfrac{1}{n}\sum_{i=1}^{n}X_i$,则 $\dfrac{\bar{x}-\mu}{\sqrt{\dfrac{\sigma^2}{n}}}\sim($)。

A. $N(\mu,\sigma^2)$ \quad B. $N\left(\mu,\dfrac{\sigma^2}{n}\right)$ \quad C. $N\left(\dfrac{\mu}{n},\dfrac{\sigma^2}{n}\right)$ \quad D. $N(0,1)$

3. 在单个正态总体的假设检验中,当方差未知时,对于均值的检验可采用( );当均值未知是,对于方差的检验可采用( )。

A. U 检验法 \quad B. t 检验法 \quad C. χ^2 检验法 \quad D. 以上三种均可

4. 在假设检验中,用 a 和 b 分别表示犯第一类错误和第二类错误的概率,则当样本容量一定时,下列叙述正确的是(　　　)。

    A. a 减小 b 也减小　　　　　　　　B. a 增大 b 也增大

    C. a 和 b 不能同时减小,减小其中一个,另一个往往会增大

    D. A, B 同时成立

三、填空题:

1. 设 $(X_1, X_2, \cdots, X_n)$ 是来自总体 $P(\lambda)$ 的样本,则样本的分布律为

_____ , $E\bar{x}$ = _____ , $D\bar{x}$ = _____ , ES_n^2 =

_____ , ES_n^{*2} = _____ 。

2. $X_1, X_2, \cdots, X_n$ 是来自总体 $\chi^2(n)$ 的样本,则 $E\bar{x}$ = _____ , $D\bar{x}$ =

_____ 。

3. 设总体 $X \sim N(0, 4)$, X_1, X_2, X_3, X_4 是来自总体的样本,要使 $Y = a$ $(X_1 - 2X_2)^2 + b(3X_3 - 4X_4)^2$ 服从 χ^2 分布,则 a = _____ , b = _____ 。

4. 对于 F 分布的分位数,有 $\dfrac{1}{F_{1-\alpha}(n_1, n_2)}$ = _____ 。

5. 随机变量序列 $X_1, X_2, \cdots, X_n$ 相互独立, $X_i \sim N(\mu_i, \sigma_i)$,则对于不全为零的 C_i , $\displaystyle\sum_{i=1}^n C_i X_i \sim$ _____ 。

6. 设总体 $X \sim N(\mu, \sigma^2)$, $X_1, X_2, \cdots, X_n$ 是它的一个样本,则样本均值 $\bar{x}$ 的方差为 _____ , σ^2 未知时, μ 的置信度为 $1-\alpha$ 的置信区间为

_____ 。

四、 $X_1, X_2, \cdots, X_n$ 为来自总体 X 的样本, X 的分布函数为

$$F(x) = \begin{cases} 1 - \left(\dfrac{\theta}{x}\right)^2, & x \geqslant \theta > 0 \\ 0, & \text{其他} \end{cases}$$

求参数 θ 的矩估计量 $\hat{\theta}$ 。

五、从一批钉子中随机抽取 16 枚,测的其长度为:2.14,2.10,2.13,2.15, 2.13,2.12,2.13,2.10,2.15,2.12,2.14,2.10,2.13,2.11,2.14,2.11. 假定钉子的长度 X 服从正态分布 $N(\mu,\sigma^2)$,则样本均值是多少?并求当 $\sigma=0.01$ 时总体均值 μ 的置信度为 90% 的置信区间。

六、某厂生产的钢索断裂强度为 X,服从正态分布 $N(\mu,40^2)$,从一批中抽取 9 件,测的 $\bar{x}=730$,问能否认为这批钢索的断裂强度为 800? $\alpha=0.05$。

七、从一台车床加工的轴料中随机抽取 15 件测量其椭圆度,计算得 $s_n^{*2}=0.025^2$,若轴料的椭圆度服从正态分布,取 $\alpha=0.05$,问其总体方差与规定的方差 $\sigma^2=0.0004$ 有无显著差异?

第十四章　　方差分析与回归分析

本章教学基本要求:了解单因素方差分析的基本思想、基本方法以及显著性判别、一元线性回归模型,最小二乘法,参数估计,显著性检验,预测.

本章重点、难点及考点:本章的重点是一元回归分析的模型与参数估计,难点是方差分析的离差平方和的分解方法.

综 合 练 习

1. 人造纤维的抗拉强度是否受掺入其中的棉花的百分比的影响,为了证实这个问题,对此进行试验,在棉花百分比的 5 个水平:15%,20%,25%,30%,35% 每个水平测得 5 个拉力强度的值(见表 14-1),

表 14-1

棉花的	抗拉强度观测值(j)					
百分比(i)	1	2	3	4	5	x_i
15	7	7	15	11	9	49
20	12	17	12	18	18	77
25	14	18	18	19	19	88
30	19	25	22	19	23	108
35	7	10	11	15	11	54

试分析抗拉强度是否受到掺入棉花百分比的影响($\alpha = 0.01$).

2. 设有 3 台机器,用来生产规格相同的铝合金薄板.取样测量薄板的厚度,精确至 1‰cm,得结果如表 14-2 所示。

表 14-2

机　器	厚度 /cm				
机器 1	0.236	0.238	0.248	0.245	0.243
机器 2	0.257	0.253	0.255	0.254	0.261
机器 3	0.258	0.264	0.259	0.267	0.262

试检验各台机器所生产的薄板的厚度有无显著的差异($\alpha = 0.05$)?

3. 三支温度计 A_1, A_2, A_3,被用来测定氢化奎宁的熔点,结果如下(单位:℃)

A_1	171.5	171.0	173.0	
A_2	173.0	172.0	173.5	171.5
A_3	173.5	171.0	172.0	

试判定氢化奎宁的熔点测定结果是否受使用温度计的影响($\alpha = 0.05$)?

4. 在某项试验中,测得可控因素 x 与指标 Y 的对应数据如下:

x_i	3	4	5	6	7	8
Y_i	4	5	5.5	6	6.7	7

(1) 作出散点图。

（2）求出 Y 关于 x 的回归方程,并进行显著性检验(显著性水平 $\alpha = 0.05$)。

（3）当 $x = 10$ 时,求指标 Y 的点预测。

5. 在导线中碳含量对于电阻的效应研究中,测得如下数据:

| 碳含量 x_i(%) | 0.10 | 0.30 | 0.40 | 0.55 | 0.70 | 0.80 | 0.95 |
| 电阻 Y_i($\mu\Omega$) | 15 | 18 | 19 | 21 | 22.6 | 23.8 | 26 |

（1）求电阻关于碳含量的回归方程,并作显著性检验(显著性水平 $\alpha = 0.05$).

（2）在碳含量为 0.50% 时,求电阻的点预测和置信度 95% 的预测区间。

6.某产品表面腐蚀刻线,通过试验获得腐蚀时间 x 与腐蚀深度 Y 之间的一组数据为:

腐蚀时间 x_i(千册)　5　5　10　20　30　40　50　60　65　90　120

腐蚀深度 Y_i(元)　　4　6　8　13　16　17　19　25　25　29　46

求 Y 关于 x 的回归方程,并作显著性检验(显著性水平 $\alpha=0.05$)

自 测 试 题

一、判断题(对的打 $\sqrt{}$,错的打 $\times$):

1.回归分析是研究变量之间相关关系的数理统计方法;　　　　（　　）

2.具有相关关系的变量与变量之间的关系均可以用一元线性回归方法建立;　　　　　　　　　　　　　　　　　　　　　　　　　　（　　）

3.单因素方差分析采用了 U 检验法;　　　　　　　　　　（　　）

4.一元线性回归分析中 Y 的区间估计是 $(\tilde{Y}_0-\delta(x_0),\tilde{Y}_0+\delta(x_0))$。

（　　）

二、单项选择题:

1.考虑单个因素 A 对试验结果的影响效应,假定 $H_0:\mu_1=\mu_2=\cdots=\mu_r$ 为真,则选用的检验统计量及其概率分布是（　　）。

A. $\dfrac{S_A/(r-1)}{S_E/(n-r)}\sim F(n-r,r-1)$　　　B. $\dfrac{S_A/(r-1)}{S_E/(n-r)}\sim F(r-1,n-r)$

C. $\dfrac{S_E/(r-1)}{S_A/(n-r)}\sim F(r-1,n-r)$　　　D. $\dfrac{S_A/(r-1)}{S_E/(n-r)}\sim F(r-1,n-1)$

2.回归分析是研究变量之间（　　　　）关系的统计方法。

A. 函数　　　　　B. 独立　　　　　C. 相关　　　　　D. 对立

3. 单因素方差分析是指(　　　)。

A. 只做一次试验

B. 只有一个总体

C. 只考虑一个因素变化对结果的影响

D. 只取一个数据

4. 一元线性回归模型 $Y = a + bx + \varepsilon$ 中 $\varepsilon \sim N(0, \sigma^2)$，其中 σ^2 的无偏估计为(　　　)。

A. $\dfrac{1}{n} \sum\limits_{i=1}^{n} (Y_i - \hat{a} - \hat{b} x_i)^2$　　　　　B. $\dfrac{1}{n-1} \sum\limits_{i=1}^{n} (Y_i - \hat{a} - \hat{b} x_i)^2$

C. $\dfrac{1}{n-2} \sum\limits_{i=1}^{n} (Y_i - \hat{a} - \hat{b} x_i)^2$　　　　　D. $\dfrac{1}{n-3} \sum\limits_{i=1}^{n} (Y_i - \hat{a} - \hat{b} x_i)^2$

三、填空题:

1. 在单因素试验的方差分析中,若因素 A 有 4 个不同水平,则检验假设 H_0:_____。

2. 在单因素试验的方差分析中,若因素 A 有 5 个不同水平,在每个水平下重复做 6 次试验,所得数据为 $x_{ij} (i = 1, 2, \cdots, 5; j = 1, 2, \cdots, 6)$,则数据的总平均 $\bar{x} = $_____。

3. 用最小二乘法求回归方程 $\tilde{y} = \hat{a} + \hat{b} x$ 中, $\hat{a} = $_____, $\hat{b} = $_____。

4. 一元线性回归模型 $Y = a + bx + \varepsilon$ 中 $\varepsilon \sim$_____,表示_____对 Y 的随机影响。

四、某化工厂做了一种原料含量 x 和产品收率之间的相关试验,4 次试验结果如下:

x_i	2	4	6	8
Y_i	10	20	20	30

试求 Y 对 x 的回归方程.

五、产品产量 x 与煤耗量 Y 有直接关系,今随机测试 5 组值,计算的

$$\bar{x}=5, \quad \bar{Y}=4, \quad \sum_{i=1}^{5}(x_i-\bar{x})^2=36.02$$

$$\sum_{i=1}^{5}(x_i-\bar{x})(Y_i-\bar{Y})=30.9, \quad \sum_{i=1}^{5}(Y_i-\bar{Y})^2=27.5$$

试求回归方程,并对此回归方程进行检验(显著性水平 $\alpha=0.05$)。

模 拟 试 题（一）

一、单项选择题$(3' \times 6 = 18')$：

1. 已知 3 阶方阵 $\boldsymbol{A} = (a_1 \quad a_2 \quad a_3)$，$\boldsymbol{A}$ 的行列式 $\det\boldsymbol{A} = 2$，又 $\boldsymbol{B} = (a_1 - a_2 \quad a_2 + a_3 \quad a_1 + a_3)$，则 $\det\boldsymbol{B} = ($ $)$。

  A. 2   B. -2 C. 0   D. 1

2. 设 $\boldsymbol{A}, \boldsymbol{B}$ 为 n 阶方阵，下列不正确的是(   )。

  A. $\det(\boldsymbol{AB}) = \det(\boldsymbol{BA})$ B. $(\boldsymbol{A} + \boldsymbol{B})^{\mathrm{T}} = \boldsymbol{A}^{\mathrm{T}} + \boldsymbol{B}^{\mathrm{T}}$

  C. $\det(\boldsymbol{A} - \boldsymbol{B}) = \det\boldsymbol{A} - \det\boldsymbol{B}$ D. $\det(\boldsymbol{A}^{\mathrm{T}}) = \det\boldsymbol{A}$

3. 如果线性方程组 $\boldsymbol{Ax} = \boldsymbol{b}$ 有唯一解，则(   )。

  A. $\boldsymbol{A}$ 的列向量组线性无关   B. $\boldsymbol{A}$ 的列向量组线性相关

  C. $\boldsymbol{A}$ 的列向量组性性无关   D. $\boldsymbol{A}$ 的行向量组线性相关

4. 设 $P(A) = 0.5$，$P(B) = 0.7$，$P(A \mid B) = 0.5$，则下列结论中正确的是(   )。

  A. A, B 相互独立   B. A, B 互斥

  C. $B \supset A$ D. $P(A \bigcup B) = P(A) + P(B)$

5. 若 X 服从 $[0,1]$ 上的均匀分布，$Y = X + 1$，则(   )。

  A. Y 也服从 $[0,1]$ 上的均匀分布   B. $P\{0 \leqslant Y \leqslant 1\} = 1$

  C. Y 也服从 $[1,2]$ 上的均匀分布   D. $P\{0 \leqslant Y \leqslant 1\} = 3$

6. 设总体 X 的均值 μ 与方差 σ^2 都存在，且均为未知数，$(X_1, X_2, \cdots, X_n)$ 是来自总体的一个样本，$\overline{X} = \dfrac{1}{n}\sum\limits_{i=1}^{n} X_i$，则总体均值 μ 的矩估计为(   )。

  A. $\dfrac{1}{n}\sum\limits_{i=1}^{n}(X_i - \overline{x})^2$ B. X_1 C. $\overline{X}$ D. X_n

二、填空题$(4' \times 6 = 24')$：

7. 已知 $\boldsymbol{A} = \begin{pmatrix} 2 & 2 \\ 2 & 3 \end{pmatrix}$，$\boldsymbol{B} = \begin{pmatrix} 1 & 3 \\ 2 & 1 \end{pmatrix}$，则 $\boldsymbol{AB}^{-1} = $ _____。

8. 行列式 $\begin{vmatrix} 1 & 2 & 3 \\ 2 & 1 & 0 \\ 1 & 1 & 1 \end{vmatrix} =$ _____。

9. 设 $A = \begin{pmatrix} 1 & 2 & 0 \\ 2 & k & 0 \\ 3 & 1 & 1 \end{pmatrix}$，$B$ 是 3 阶方阵且 $AB = 0$，$B \neq 0$，则 $k =$ _____。

10. 设 A, B 是两个随机事件，且 $P(A) = 1/4$，$P(B) = 1/2$，当 A 与 B 互斥时，$P(A - B) =$ _____。

11. $\hat{\theta}$ 是 θ 的一个估计量，且 $E(\hat{\theta}) = \theta$，则称 $\hat{\theta}$ 是 θ 的 _____。

12. 已知随机变量 X 有分布列 $\begin{pmatrix} -1 & 0 & 1 & 5 \\ 0.1 & 0.2 & 0.3 & 0.4 \end{pmatrix}$，则 $E(X) =$ _____。

三、解答题 $(6' \times 7 = 42')$：

13. 计算行列式 $\begin{vmatrix} 1 & 2 & 3 & 4 \\ 2 & 1 & 0 & 0 \\ 3 & 0 & 1 & 0 \\ 4 & 0 & 0 & 1 \end{vmatrix}$。

14. 已知 $A = \begin{pmatrix} 1 & 0 & 1 \\ 0 & 1 & 0 \\ 1 & -1 & -1 \end{pmatrix}$，求 A^{-1}。

15. 已知向量组 $\boldsymbol{\alpha}_1 = (1,2,1,3)$, $\boldsymbol{\alpha}_2 = (2,1,1,1)$, $\boldsymbol{\alpha}_3 = (3,3,2,4)$，求该向量组的一个极大无关组。

16. 今有男女生各 4 位，令其排成一横队，试求 4 位女生始终保持紧邻的概率。

17. 某机械零件的指标值 X 在 $(90,110)$ 内服从均匀分布，试求：(1) X 的分布密度函数；(2) X 取值于区间 $(92.5,107.5)$ 内的概率。

18. 一只口袋盛有 6 只球,其中 3 个球上刻有一个点,2 个球上刻有两个点,另一个球上刻有三个点,现在从口袋中任取 3 个球,以 X 表示被取 3 球上的点数和,试求 $E(X),D(X)$。

19. 设总体 X 有分布密度 $p(x)=\begin{cases} \sqrt{\theta}\,x^{\sqrt{\theta}-1}, & 0 \leqslant x \leqslant 1 \\ 0, & \text{其他} \end{cases}$,其中 θ 是待估参数,试求 θ 的最大似然估计。

四、综合题($8' \times 2 = 16'$):

20. 设线性方程组
$$\begin{cases} x_1 + 2x_2 + 3x_3 = 1 \\ 2x_1 + 4x_2 + 6x_3 = a \\ 3x_1 + 6x_2 + 9x_3 = 3 \end{cases}$$
问 a 为何值是,方程组有解,当有无穷多解时,求通解。

21. 设随机变量 X 的分布函数为

$$p(x) = \begin{cases} cx^2, & 0 < x < 1 \\ 0, & \text{其他} \end{cases}$$

(1) 确定常数 c；

(2) 求 a，使 $P\{X > a\} = P\{X < a\}$。

模拟试题(二)

一、单项选择题(3′×6＝18′)：

1. 设 A 为 3 阶方阵，$\det A=2$，则 $\det(3A^{-1})=$（　　）。

A. $\dfrac{27}{2}$　　　　B. 54　　　　C. $\dfrac{3}{2}$　　　　D. $\dfrac{2}{3}$

2. 已知 A 是 n 阶方阵，且 $A^2=0$，则下列各项一定成立的是（　　）。

A. $A=0$　　　B. $A\neq 0$　　　C. $\text{rank}A<n$　　　D. $\text{rank}A=n$

3. 设向量组 $\boldsymbol{\alpha}_1,\boldsymbol{\alpha}_2,\boldsymbol{\alpha}_3$ 线性无关，则下列向量组（　　）线性相关。

A. $\boldsymbol{\alpha}_1-\boldsymbol{\alpha}_2,\boldsymbol{\alpha}_2-\boldsymbol{\alpha}_3,\boldsymbol{\alpha}_3-\boldsymbol{\alpha}_1$　　　B. $\boldsymbol{\alpha}_1+\boldsymbol{\alpha}_2,\boldsymbol{\alpha}_2+\boldsymbol{\alpha}_3,\boldsymbol{\alpha}_3+\boldsymbol{\alpha}_1$

C. $\boldsymbol{\alpha}_1+2\boldsymbol{\alpha}_2,\boldsymbol{\alpha}_2-2\boldsymbol{\alpha}_3,\boldsymbol{\alpha}_3-2\boldsymbol{\alpha}_1$　　　D. $\boldsymbol{\alpha}_1+2\boldsymbol{\alpha}_2,\boldsymbol{\alpha}_2+2\boldsymbol{\alpha}_3,\boldsymbol{\alpha}_3+2\boldsymbol{\alpha}_1$

4. 事件 A、B 为两个随机事件，有 $A\subset B$，则下列命题中正确的是（　　）。

A. A 与 B 必同时发生　　　B. A 发生，B 必发生

C. A 发生，B 必不发生　　　D. A 不发生，B 必不发生

5. 设 (X_1,X_2) 是来自正态总体 $N(\mu,1)$ 的一个样本，其中 μ 为未知参数，以下关于 μ 的估计中，只有（　　）才是 μ 的无偏估计。

A. $\dfrac{1}{3}X_1+\dfrac{5}{3}X_2$　　B. $\dfrac{5}{4}X_1+\dfrac{2}{4}X_2$　　C. $\dfrac{1}{4}X_1+\dfrac{3}{4}X_2$　　D. $\dfrac{3}{5}X_1+\dfrac{4}{5}X_2$

6. 设离散型变量 X 的概率分布律和分布函数分别为 $P(x)=P\{X=x\}$，$F(x)$，则下列选项正确的是（　　）。

A. $P(x)=1$　　　B. $P\{X=x\}=F(x)$

C. $P\{X=x\}\leqslant F(x)$　　　D. $P\{X=x\}\geqslant F(x)$

二、填空题(4′×6＝24′)：

7. $\begin{vmatrix}2&1&1\\3&2&1\\0&1&2\end{vmatrix}=$ _____。

8. 已知 $A = \begin{pmatrix} 2 & 1 \\ 0 & 3 \end{pmatrix}$，$B = \begin{pmatrix} 1 & 4 \\ 3 & 10 \end{pmatrix}$，则 $3A + 2B^{-1} = $ _____。

9. n 元齐次线性方程组 $Ax = 0$ 有非零解的充分必要条件是 _____。

10. 设 A, B 是两个随机事件，且 $P(A) = 1/3$，$P(B) = 1/5$，当 A 与 B 相互独立时，$P(A + B) = $ _____。

11. 若随机变量 X, Y 相互独立，$E(X) = 0$，$E(Y) = 1$，$D(X) = 1$，则 $E(X(X + Y - 2)) = $ _____。

12. 在书架上任意放置 10 本不同的书，其中指定的三本放在一起的概率为 _____。

三、解答题（$6' \times 7 = 42'$）：

13. 求矩阵 $A = \begin{bmatrix} 1 & 2 & 3 & 1 \\ 2 & 1 & 4 & 0 \\ 1 & 3 & 1 & 1 \end{bmatrix}$ 的秩。

14. 已知 3 阶方阵 A 的伴随矩阵 $A^* = \begin{bmatrix} 1 & 2 & 1 \\ 0 & 1 & 3 \\ 1 & 1 & 2 \end{bmatrix}$，求 A 的行列式 $\det A$。

15. 已知 $\beta=(-1,1,0),\alpha_1=(1,0,0),\alpha_2=(1,1,0),\alpha_3=(1,1,1)$ 且 $\beta=k_1\alpha_1+k_2\alpha_2+k_3\alpha_3$，求 k_1,k_2,k_3 的值。

16. 从一付扑克牌(52张)中任意抽取2张，试求恰好2张同一色的概率。

17. 已知每天到达某港口船数服从参数为1的泊松分布，而港口一天最多只能服务4艘船，如果一天中到达的油船大于4艘，则超过4艘船必须转向另一港口．求一天中必须有船转走的概率。

18. 已知随机变量 X 的密度函数为 $p(x)=\begin{cases}\dfrac{6}{5}x(1-x), & 0<x<1, \\ 0, & 其他\end{cases}$，

试求概率 $P\{\alpha-2\beta<X<\alpha+2\beta\}$，其中 $\alpha=E(X),\beta=D(X)$。

19. 设总体 X 有分布密度 $p(x) = \dfrac{1}{2\theta}e^{-|x|}$，$-\infty < x < \infty$，其中 θ 是待估参数，试求 θ 的矩估计。

四、综合题 $(8' \times 2 = 16')$：

20. 设线性方程组

$$\begin{cases} x_1 + x_2 + x_3 + x_4 = 1 \\ x_1 + 2x_2 + x_3 + x_4 = 2 \\ x_1 + x_2 - x_3 + x_4 = a \end{cases}$$

a 为何值时，方程组有解．在有无穷多解时，求通解。

21. 设连续型随机变量 X 的分布函数为

$$F(x) = \begin{cases} 0, & x < 0 \\ ax + b, & 0 \leqslant x < \pi \\ 1, & x \geqslant \pi \end{cases}$$

(1) 试确定常数 a, b 的值；　　　　(2) 若 $Y = X^2$，求 $E(Y)$。

习题与模拟试题参考答案

第八章

综合练习

1. 解　(1) $D = 2 - 0 = 2$

(2) $D = 6 - 8 = -2$

(3) $D = 3(-1)^{1+3} \begin{vmatrix} 2 & 1 \\ 1 & 1 \end{vmatrix} = 3 \times 1 = 3$

(4) $D \xrightarrow{r_1 + r_2 + r_3} \begin{vmatrix} 4 & 4 & 4 \\ 1 & 2 & 1 \\ 1 & 1 & 2 \end{vmatrix} = 4 \begin{vmatrix} 1 & 1 & 1 \\ 1 & 2 & 1 \\ 1 & 1 & 2 \end{vmatrix} \xrightarrow[r_3 - r_1]{r_2 - r_1} 4 \begin{vmatrix} 1 & 1 & 1 \\ 0 & 1 & 0 \\ 0 & 0 & 1 \end{vmatrix} = 4$

(5) $D = (-1)^{1+3} \begin{vmatrix} 2 & 1 & 1 \\ 3 & 1 & 1 \\ 1 & 2 & 1 \end{vmatrix} = \begin{vmatrix} 2 & 1 & 1 \\ 1 & 0 & 0 \\ 1 & 2 & 1 \end{vmatrix} = (-1)^{2+1} \begin{vmatrix} 1 & 1 \\ 2 & 1 \end{vmatrix} = 1$

(6) $D \xrightarrow{r_1 - r_3} \begin{vmatrix} 0 & 2 & 3 & -2 \\ 0 & 2 & 1 & 4 \\ 1 & 0 & 0 & 3 \\ 0 & 2 & 1 & 1 \end{vmatrix} = (-1)^{3+1} \begin{vmatrix} 2 & 3 & -2 \\ 0 & 0 & 3 \\ 2 & 1 & 1 \end{vmatrix} =$

$3(-1)^{2+3} \begin{vmatrix} 2 & 3 \\ 2 & 1 \end{vmatrix} = 12$

(7) $D \xrightarrow[r_3 - r_1]{r_2 - 3r_1} \begin{vmatrix} 1 & 450 & \dfrac{1}{3} \\ 0 & -920 & -\dfrac{1}{2} \\ 0 & -55 & 0 \end{vmatrix} = \begin{vmatrix} 920 & \dfrac{1}{2} \\ 55 & 0 \end{vmatrix} = -\dfrac{55}{2}$

经济数学基础课程练习册(下)

$(8)\,D\xrightarrow{c_1-c_2-c_3-c_4}\begin{vmatrix}1-2-3-4&2&3&4\\0&&1&0&0\\0&&0&1&0\\0&&0&0&1\end{vmatrix}=-8$

$(9)\,D=5\begin{vmatrix}5&4&0\\1&5&4\\0&1&5\end{vmatrix}-4\begin{vmatrix}5&4\\1&5\end{vmatrix}=5(125-20-20)-4(25-4)=341$

$(10)\,D\xrightarrow{r_1+r_2+r_3+r_4}\begin{vmatrix}1&0&0&1\\-1&2&-1&0\\&-1&2&-1\\&&-1&2\end{vmatrix}=$

$\begin{vmatrix}2&-1&0\\-1&2&-1\\0&-1&2\end{vmatrix}-\begin{vmatrix}-1&2&-1\\0&-1&2\\0&0&-1\end{vmatrix}=5$

$2.\,M_{14}=\begin{vmatrix}2&1&3\\3&1&2\\1&0&1\end{vmatrix}\xrightarrow{r_1-r_2}\begin{vmatrix}-1&0&1\\3&1&2\\1&0&1\end{vmatrix}=\begin{vmatrix}-1&1\\1&1\end{vmatrix}=-2$

$A_{34}=(-1)^{3+4}\begin{vmatrix}1&2&3\\2&1&3\\1&0&1\end{vmatrix}\xrightarrow{c_3-c_1}-\begin{vmatrix}1&2&2\\2&1&1\\1&0&0\end{vmatrix}=-\begin{vmatrix}2&2\\1&1\end{vmatrix}=0$

3. 解 $(1)\begin{vmatrix}2a&2b&2c\\2x&2y&2z\\u&v&w\end{vmatrix}=4\begin{vmatrix}a&b&c\\x&y&z\\u&v&w\end{vmatrix}=12$

$(2)\begin{vmatrix}a&b&c\\a+x&b+y&c+z\\u+x&v+y&w+z\end{vmatrix}=\begin{vmatrix}a&b&c\\x&y&z\\u&v&w\end{vmatrix}=3$

$(3)\begin{vmatrix}2a&b+a&c\\2x&y+x&z\\2u&v+u&w\end{vmatrix}=2\begin{vmatrix}a&b+a&c\\x&y+x&z\\u&v+u&w\end{vmatrix}=2\begin{vmatrix}a&b&c\\x&y&z\\u&v&w\end{vmatrix}=6$

$(4)\begin{vmatrix}a&b-a&2c-2a\\x&y-x&2z-2x\\u&v-u&2w-2u\end{vmatrix}=\begin{vmatrix}a&b&2c\\x&y&2z\\u&v&2w\end{vmatrix}=2\begin{vmatrix}a&b&c\\x&y&z\\u&v&w\end{vmatrix}=6$

— 72 —

4.解 (1) 因为 $\begin{vmatrix} 1 & x \\ 3 & 2 \end{vmatrix} = 2 - 3x$，所以 $2 - 3x = 2$，得 $x = 0$

(2) 由 $\begin{vmatrix} 1 & 2 & 3 \\ 1 & 2 & x \\ 2 & 1 & 3 \end{vmatrix} \xrightarrow{r_2 - r_1} \begin{vmatrix} 1 & 2 & 3 \\ 0 & 0 & x-3 \\ 2 & 1 & 3 \end{vmatrix} = 3(x-3)$

得 $3(x-3) = 0$，所以 $x = 3$

(3) 由 $\begin{vmatrix} 1 & 0 & 1 \\ x & 1 & 2 \\ 4 & 2 & x \end{vmatrix} \xrightarrow{c_1 - c_3} \begin{vmatrix} 0 & 0 & 1 \\ x-2 & 1 & 2 \\ 4-x & 2 & x \end{vmatrix} = \begin{vmatrix} x-2 & 1 \\ 4-x & 2 \end{vmatrix} = 3x - 8$

得 $3x - 8 = 0$，所以 $x = \dfrac{8}{3}$

(4) 由 $\begin{vmatrix} 1 & 1 & 1 \\ 2 & 3 & x \\ 4 & 9 & x^2 \end{vmatrix} \xrightarrow[r_2 - 2r_1]{r_3 - 2r_2} \begin{vmatrix} 1 & 1 & 1 \\ 0 & 1 & x-2 \\ 0 & 3 & x^2 - 2x \end{vmatrix} = (x-3)(x-2)$

得 $(x-3)(x-2) = 0$ 所以，$x = 2$ 或 $x = 3$

5.解 设 $f(x) = ax^2 + bx + c$

因为 $f(1) = 0, f(2) = 4, f(-1) = 3$

所以

$$\begin{cases} a + b + c = 0 \\ 4a + 2b + c = 4 \\ a - b + c = 3 \end{cases}$$

由上式解得 $\qquad a = \dfrac{11}{6}, b = -\dfrac{3}{2}, c = -\dfrac{1}{3}$

所以 $\qquad f(x) = \dfrac{11}{6}x^2 - \dfrac{3}{2}x - \dfrac{1}{3}$

6.解 (1) 因为 $\begin{vmatrix} 1 & 2 \\ 1 & -2 \end{vmatrix} = -4 \neq 0$，所以有唯一解。

(2) 因为 $\begin{vmatrix} 1 & 1 & 1 \\ 1 & -2 & 1 \\ 1 & 0 & 2 \end{vmatrix} = -4 + 1 + 2 - 2 = -3 \neq 0$，所以有唯一解。

(3) 因为 $\begin{vmatrix} 1 & -1 & -1 \\ 1 & 0 & 1 \\ 2 & 1 & 2 \end{vmatrix} = \begin{vmatrix} 1 & -1 & -1 \\ 0 & 1 & 2 \\ 0 & 3 & 4 \end{vmatrix} = -1 \neq 0$，所以有唯一解。

(4) 因为 $\begin{vmatrix} 2 & 1 & 1 & 1 \\ 1 & 2 & 1 & 1 \\ 1 & 1 & 2 & 1 \\ 1 & 1 & 1 & 2 \end{vmatrix} = 5 \neq 0$，所以有唯一解。

7. 解　因为该方程组有非零解的充分必要条件是 $\begin{vmatrix} a & 1 & 1 \\ 1 & a & 1 \\ 1 & 1 & a \end{vmatrix} = 0$，由此得

$a = -2$ 或 $a = 1$。

自 测 试 题

一、判断题
1. ×　2. √　3. √　4. ×　5. √　6. ×
二、1. D　2. C　3. C　4. A　5. C　6. B
三、1. 1　2. 0　3. 6　4. 24　5. $-20,60$
四、-15
五、$f(x) = 4x^2 - x - 1$
六、$k \neq -1$ 且 $k \neq 1$

第九章

综 合 练 习

1. 解(1) 因为 $\boldsymbol{A} = \boldsymbol{B}$ 所以 $a = 1, b = 1, c = 0$

(2)① 无意义；因为矩阵 $\boldsymbol{A}$ 与 $\boldsymbol{B}$ 不是同型矩阵；

② 有意义；$2\boldsymbol{A} + \boldsymbol{C} = \begin{pmatrix} 2 & 4 \\ 0 & 2 \end{pmatrix} + \begin{pmatrix} 1 & 2 \\ 3 & 1 \end{pmatrix} = \begin{pmatrix} 3 & 6 \\ 3 & 3 \end{pmatrix}$

③ 无意义；因为矩阵 $\boldsymbol{A}$ 与 $\boldsymbol{D}$ 不是同型矩阵；

(3) $(1 \quad 2 \quad 1) \begin{pmatrix} 2 \\ 1 \\ -2 \end{pmatrix} = 2$

$(4)\begin{bmatrix}2\\1\\-2\end{bmatrix}(1\quad2\quad1)=\begin{bmatrix}2&4&2\\1&2&1\\-2&-4&-2\end{bmatrix}$

$(5)\boldsymbol{AB}=\begin{pmatrix}1&1&2\\0&1&3\end{pmatrix}\begin{bmatrix}1&2\\0&1\\1&3\end{bmatrix}=\begin{pmatrix}3&9\\3&10\end{pmatrix}$

$(6)\boldsymbol{BA}=\begin{bmatrix}1&2\\0&1\\1&3\end{bmatrix}\begin{pmatrix}1&1&2\\0&1&3\end{pmatrix}=\begin{bmatrix}1&3&8\\0&1&3\\1&4&11\end{bmatrix}$

$(7)\begin{bmatrix}1&2&3\\2&1&4\\1&0&1\end{bmatrix}\begin{bmatrix}1\\2\\1\end{bmatrix}=\begin{bmatrix}8\\8\\2\end{bmatrix}$

$(8)(1\quad-2\quad2)\begin{bmatrix}1&2&3\\2&1&4\\1&0&1\end{bmatrix}=(-1\quad0\quad-3)$

$(9)(1\quad2\quad-1)\begin{bmatrix}1&2&-1\\0&1&2\\1&1&3\end{bmatrix}\begin{bmatrix}1\\2\\2\end{bmatrix}=(0\quad3\quad0)\begin{bmatrix}1\\2\\2\end{bmatrix}=6$

$(10)\begin{bmatrix}1&2&-1\\0&1&2\\1&1&3\end{bmatrix}\begin{bmatrix}1\\2\\2\end{bmatrix}(1\quad2\quad-1)=\begin{bmatrix}3\\6\\9\end{bmatrix}(1\quad2\quad-1)=\begin{bmatrix}3&6&-3\\6&12&-6\\9&18&-9\end{bmatrix}$

(11) 因为

$$(\boldsymbol{A}+\boldsymbol{B})^2-(\boldsymbol{A}-\boldsymbol{B})^2=2(\boldsymbol{AB}+\boldsymbol{BA})$$

$$\boldsymbol{AB}=\begin{pmatrix}1&2\\1&0\end{pmatrix}\begin{pmatrix}2&1\\1&1\end{pmatrix}=\begin{pmatrix}4&3\\2&1\end{pmatrix}$$

$$\boldsymbol{BA}=\begin{pmatrix}2&1\\1&1\end{pmatrix}\begin{pmatrix}1&2\\1&0\end{pmatrix}=\begin{pmatrix}3&4\\2&2\end{pmatrix}$$

所以　　　　$(\boldsymbol{A}+\boldsymbol{B})^2-(\boldsymbol{A}-\boldsymbol{B})^2=2\times\begin{pmatrix}7&7\\4&3\end{pmatrix}=\begin{pmatrix}14&14\\8&6\end{pmatrix}$

2. 解　(1) 因为 $\det\boldsymbol{A}=1$　$\boldsymbol{A}^*=\begin{pmatrix}\cos\theta&\sin\theta\\-\sin\theta&\cos\theta\end{pmatrix}$

所以　　　　　　　　　　$\boldsymbol{A}^{-1}=\begin{pmatrix}\cos\theta&\sin\theta\\-\sin\theta&\cos\theta\end{pmatrix}$

(2) 因为 $\det \boldsymbol{B} = \begin{vmatrix} 4 & 4 & 4 \\ 1 & 2 & 1 \\ 1 & 1 & 2 \end{vmatrix} = 4 \begin{vmatrix} 1 & 1 & 1 \\ 0 & 1 & 0 \\ 0 & 0 & 1 \end{vmatrix} = 4$

又 $\boldsymbol{A}_{11} = 3, \boldsymbol{A}_{12} = -1, \boldsymbol{A}_{13} = -1, \boldsymbol{A}_{21} = -1, \boldsymbol{A}_{22} = 3, \boldsymbol{A}_{23} = -1, \boldsymbol{A}_{31} = -1, \boldsymbol{A}_{32} = -1, \boldsymbol{A}_{22} = 3$

所以 $\qquad \boldsymbol{B}^* = \begin{pmatrix} 3 & -1 & -1 \\ -1 & 3 & -1 \\ -1 & -1 & 3 \end{pmatrix}$

故 $\qquad \boldsymbol{B}^{-1} = \begin{pmatrix} \dfrac{3}{4} & \dfrac{-1}{4} & \dfrac{-1}{4} \\ -\dfrac{1}{4} & \dfrac{3}{4} & -\dfrac{1}{4} \\ -\dfrac{1}{4} & -\dfrac{1}{4} & \dfrac{3}{4} \end{pmatrix}$

(3) 因为

$(\boldsymbol{C} \vdots \boldsymbol{E}) = \begin{pmatrix} 1 & 1 & 0 & 0 & 1 & 0 & 0 & 0 \\ 0 & 1 & 1 & 0 & 0 & 1 & 0 & 0 \\ 0 & 0 & 1 & 1 & 0 & 0 & 1 & 0 \\ 0 & 0 & 0 & 1 & 0 & 0 & 0 & 1 \end{pmatrix} \rightarrow \begin{pmatrix} 1 & 0 & 0 & 0 & 1 & -1 & 1 & -1 \\ 0 & 1 & 0 & 0 & 0 & 1 & -1 & 1 \\ 0 & 0 & 1 & 0 & 0 & 0 & 1 & -1 \\ 0 & 0 & 0 & 1 & 0 & 0 & 0 & 1 \end{pmatrix}$

所以 $\qquad \boldsymbol{C}^{-1} = \begin{pmatrix} 1 & -1 & 1 & -1 \\ 0 & 1 & -1 & 1 \\ 0 & 0 & 1 & -1 \\ 0 & 0 & 0 & 1 \end{pmatrix}$

3. 解 (1) 因为

$$\boldsymbol{AB}^{\mathrm{T}} = \begin{pmatrix} 2 & 1 \\ 5 & 3 \end{pmatrix} \begin{pmatrix} 4 & 2 \\ 5 & 2 \end{pmatrix} = \begin{pmatrix} 13 & 6 \\ 35 & 16 \end{pmatrix}, \quad \det(\boldsymbol{AB}^{\mathrm{T}}) = -2$$

$(\boldsymbol{AB}^{\mathrm{T}})^* = \begin{pmatrix} 16 & -6 \\ -35 & 13 \end{pmatrix}$,所以

$$(\boldsymbol{AB}^{\mathrm{T}})^{-1} = \begin{pmatrix} -8 & 3 \\ \dfrac{35}{2} & -\dfrac{13}{2} \end{pmatrix}$$

(2) 因为

$$\boldsymbol{A} + \boldsymbol{B} = \begin{pmatrix} 6 & 6 \\ 7 & 5 \end{pmatrix}, \det(\boldsymbol{A} + \boldsymbol{B}) = -12$$

$(A+B)^* = \begin{pmatrix} 5 & -6 \\ -7 & 6 \end{pmatrix}$，所以

$$(A+B)^{-1} = \begin{pmatrix} -\dfrac{5}{12} & \dfrac{1}{2} \\ \dfrac{7}{12} & -\dfrac{1}{2} \end{pmatrix}$$

4. 解　(1) 因为 $\det A = 9 \neq 0$，所以 A 可逆，故 $X = BA^{-1}$。

因为 $A^{-1} = \begin{pmatrix} 1 & & \\ & \dfrac{1}{3} & \\ & & \dfrac{1}{3} \end{pmatrix}$，所以 $X = \begin{pmatrix} 1 & \dfrac{2}{3} & 1 \\ 2 & \dfrac{1}{3} & 0 \\ 1 & -\dfrac{1}{3} & \dfrac{1}{3} \end{pmatrix}$

(2) $X = A^{-1}B = \begin{pmatrix} 1 & 2 & 3 \\ \dfrac{2}{3} & \dfrac{1}{3} & 0 \\ \dfrac{1}{3} & -\dfrac{1}{3} & \dfrac{1}{3} \end{pmatrix}$

(3) 因为

$$X(A+3E) = B, \quad \det(A+3E) \neq 0$$

所以
$$X = B(A+3E)^{-1}$$

故
$$X = \begin{pmatrix} \dfrac{1}{4} & \dfrac{1}{3} & \dfrac{1}{2} \\ \dfrac{1}{2} & \dfrac{1}{6} & 0 \\ \dfrac{1}{4} & -\dfrac{1}{6} & \dfrac{1}{6} \end{pmatrix}$$

(4) 因为

$$AX(E-B) = E$$

$$\det(E-B) = \begin{vmatrix} 0 & -2 & -3 \\ -2 & 0 & 0 \\ -1 & 1 & 0 \end{vmatrix} = (-3) \times (-2) = 6 \neq 0$$

所以 $E-B$ 可逆，故 $X = A^{-1}(E-B)^{-1}$。

因为

$$(E-B \vdots E) = \begin{pmatrix} 0 & -2 & -3 & 1 & 0 & 0 \\ -2 & 0 & 0 & 0 & 1 & 0 \\ -1 & 1 & 0 & 0 & 0 & 1 \end{pmatrix} \xrightarrow{\text{引变换}}$$

$$\begin{pmatrix} 1 & 0 & 0 & 0 & -\dfrac{1}{2} & 0 \\ 0 & 1 & 0 & 0 & -\dfrac{1}{2} & 1 \\ 0 & 0 & 1 & -\dfrac{1}{3} & \dfrac{1}{3} & -\dfrac{2}{3} \end{pmatrix}$$

所以
$$(E-B)^{-1} = \frac{1}{6}\begin{pmatrix} 0 & -3 & 0 \\ 0 & -3 & 6 \\ -2 & 2 & -4 \end{pmatrix}$$

故
$$X = \frac{1}{6}\begin{pmatrix} 0 & -3 & 0 \\ 0 & -1 & 2 \\ -\dfrac{2}{3} & \dfrac{2}{3} & -\dfrac{4}{3} \end{pmatrix}$$

5.解 (1)因为
$$\begin{vmatrix} 1 & 2 \\ 2 & 1 \end{vmatrix} = -3 \neq 0$$

所以
$$\text{rank}A \geqslant 2$$
又因为只有 2 行非零,所以 $\text{ran}A \leqslant 2$,故 $\text{rank}A = 2$。

(2)因为 $B = \begin{pmatrix} 1 & 2 & 3 & 1 \\ 2 & 4 & 6 & 2 \\ 1 & 0 & 1 & 1 \end{pmatrix} \rightarrow \begin{pmatrix} 1 & 0 & 1 & 1 \\ 0 & 2 & 2 & 0 \\ 0 & 0 & 0 & 0 \end{pmatrix}$,所以 $\text{rank}B = 2$

(3)因为
$$\det C = \begin{vmatrix} 1 & 2 & 1 \\ 1 & a & 1 \\ 1-a & 2 & 1 \end{vmatrix} = \begin{vmatrix} 1 & 2 & 1 \\ 1 & a & 1 \\ -a & 2 & 1 \end{vmatrix} = (-a)(-a) = a^2$$

所以当 $a \neq 0$,C 可逆 $\text{rank}C = 3$。

当 $a=0$,$C = \begin{pmatrix} 1 & 2 & 1 \\ 1 & 0 & 0 \\ 1 & 2 & 1 \end{pmatrix} \rightarrow \begin{pmatrix} 1 & 0 & 0 \\ 0 & 2 & 1 \\ 0 & 0 & 0 \end{pmatrix}$,所以 $\text{rank}C = 2$。

(4)因为

$$D = \begin{pmatrix} 1 & 1 & 1 & 1 \\ 2 & 1 & 1 & 1 \\ a & 1 & 1 & 1 \end{pmatrix} \rightarrow \begin{pmatrix} 1 & 1 & 1 & 1 \\ 1 & 0 & 0 & 0 \\ a-1 & 0 & 0 & 0 \end{pmatrix} \rightarrow \begin{pmatrix} 1 & 1 & 1 & 1 \\ 0 & 1 & 1 & 1 \\ 0 & 0 & 0 & 0 \end{pmatrix}$$

所以 $\text{rank}D = 2$。故 a 为任何值时，$\text{rank}D = 2$。

6. 证明　因为 A 可逆，所以 A 可以表示成若干个初等矩阵的乘积，即 $A = P_1 \cdots P_m (P_1, \cdots, P_m$ 为初等矩阵)，所以 $AB = P_1 \cdots P_m B$，AB 表示 B 经过初等行变换的结果，故 $\text{rank}AB = \text{rank}B$。

同理 BA 表示 B 进行初等行列变换的结果，故
$$\text{rank}BA = \text{rank}B$$

所以
$$\text{rank}AB = \text{rank}BA = \text{rank}B$$

7. 证明　(1) 因为
$$A^2 + 2A - 3A - 6E + 6E = 0, \quad A(A+2E) - 3(A + 2E) = -6E, \quad (A - 3E)$$
$$(A + 2E) = -6E，所以 \frac{1}{6}(3E - A)(A + 2E) = E$$

故 $A + 2E$ 可逆且 $(A + 2E)^{-1} = \frac{1}{6}(3E - A)$

(2) 反证法，假设 A 可逆，则 $A = E$（因为 $A^2 = A$）与已知矛盾，所以 A 不可逆。

8. 解　(1) 设 $A = \begin{pmatrix} A_1 & C \\ O & A_2 \end{pmatrix}, B = \begin{pmatrix} B_1 & D \\ O & B_2 \end{pmatrix}$

其中 $A_1 = (1), C = (2 \quad 0), A_2 = \begin{pmatrix} 2 & 1 \\ 1 & 3 \end{pmatrix}, B_1 = (2), D = (1 \quad 1), B_2 = \begin{pmatrix} 3 & 2 \\ 1 & 4 \end{pmatrix},$

$$AB = \begin{pmatrix} A_1 & C \\ O & A_2 \end{pmatrix} \begin{pmatrix} B_1 & D \\ O & B_2 \end{pmatrix} = \begin{pmatrix} A_1 B_1 & A_1 D + C B_2 \\ O & A_2 B_2 \end{pmatrix}$$

因为
$$A_1 B_1 = 2, \quad A_1 D + C B_2 = (1 \quad 1) + (2 \quad 0) \begin{pmatrix} 3 & 2 \\ 1 & 4 \end{pmatrix} = (7 \quad 5)$$

$$A_2 B_2 = \begin{pmatrix} 2 & 1 \\ 1 & 3 \end{pmatrix} \begin{pmatrix} 3 & 2 \\ 1 & 4 \end{pmatrix} = \begin{pmatrix} 7 & 8 \\ 6 & 14 \end{pmatrix}$$

所以
$$AB = \begin{pmatrix} 2 & 7 & 5 \\ 0 & 7 & 8 \\ 0 & 6 & 14 \end{pmatrix}$$

(2) 设 $A = \begin{pmatrix} A_1 & \\ & A_2 \end{pmatrix}, B = \begin{pmatrix} & B_1 \\ B_2 & \end{pmatrix}$

所以
$$AB = \begin{pmatrix} 2 & 7 & 5 \\ 0 & 7 & 8 \\ 0 & 6 & 14 \end{pmatrix}$$

（2）设 $A = \begin{bmatrix} A_1 & \\ & A_2 \end{bmatrix}$, $B = \begin{bmatrix} & B_1 \\ B_2 & \end{bmatrix}$,

其中 $A_1 = \begin{pmatrix} 2 & 1 \\ 5 & 3 \end{pmatrix}$, $A_2 = \begin{pmatrix} 1 & 2 \\ 2 & 5 \end{pmatrix}$, $B_1 = \begin{pmatrix} 2 & 1 \\ 3 & 2 \end{pmatrix}$, $B_1 = \begin{pmatrix} 1 & 1 \\ 2 & 3 \end{pmatrix}$。

因为
$$AB^{-1} = \begin{bmatrix} A_1 & \\ & A_2 \end{bmatrix} \begin{bmatrix} & B_2^{-1} \\ B_1^{-1} & \end{bmatrix} = \begin{bmatrix} O & A_1 B_2^{-1} \\ A_2 B_1^{-1} & O \end{bmatrix}$$

$$B_1^{-1} = \begin{pmatrix} 2 & -1 \\ -3 & 2 \end{pmatrix}, \quad B_2^{-1} = \begin{pmatrix} 3 & -1 \\ -2 & 1 \end{pmatrix}$$

所以

$$A_2 B_1^{-1} = \begin{pmatrix} 1 & 2 \\ 2 & 5 \end{pmatrix} \begin{pmatrix} 2 & -1 \\ -3 & 2 \end{pmatrix} = \begin{pmatrix} -4 & 3 \\ -11 & 8 \end{pmatrix}$$

$$A_1 B_2^{-1} = \begin{pmatrix} 2 & 1 \\ 5 & 3 \end{pmatrix} \begin{pmatrix} 3 & -1 \\ -2 & 1 \end{pmatrix} = \begin{pmatrix} 4 & -1 \\ 9 & -2 \end{pmatrix}$$

所以
$$AB^{-1} = \begin{pmatrix} 0 & 0 & 4 & -1 \\ 0 & 0 & 9 & -2 \\ -4 & 3 & 0 & 0 \\ -11 & 8 & 0 & 0 \end{pmatrix}$$

又
$$A^{-1}B = \begin{bmatrix} A_1^{-1} & \\ & A_2^{-1} \end{bmatrix} \begin{bmatrix} & B_1 \\ B_2 & \end{bmatrix} = \begin{bmatrix} O & A_1^{-1} B_1 \\ A_2^{-1} B_2 & O \end{bmatrix}$$

而 $A_1^{-1} = \begin{pmatrix} 3 & -1 \\ -5 & 2 \end{pmatrix}$, $A_2^{-1} = \begin{pmatrix} 5 & -2 \\ -2 & 1 \end{pmatrix}$, 所以

$$A_1^{-1} B_1 = \begin{pmatrix} 3 & -1 \\ -5 & 2 \end{pmatrix} \begin{pmatrix} 2 & 1 \\ 3 & 2 \end{pmatrix} = \begin{pmatrix} 3 & 1 \\ 4 & 9 \end{pmatrix}$$

$$A_2^{-1} B_2 = \begin{pmatrix} 5 & -2 \\ -2 & 1 \end{pmatrix} \begin{pmatrix} 1 & 1 \\ 2 & 3 \end{pmatrix} = \begin{pmatrix} 1 & -1 \\ 0 & 1 \end{pmatrix}$$

故
$$A^{-1}B = \begin{pmatrix} 0 & 0 & 3 & 1 \\ 0 & 0 & 4 & 9 \\ 1 & -1 & 0 & 0 \\ 0 & 1 & 0 & 0 \end{pmatrix}$$

自 测 试 题

一、1. ×　2. √　3. ×　4. ×　5. ×

二、1. B　2. A　3. C　4. C　5. A　6. D

三、1. 4　2. 1　3. $\begin{bmatrix} & & -1 \\ & \frac{1}{3} & \\ \frac{1}{2} & & \end{bmatrix}$　4. 3,2　5. 2

四、$\begin{bmatrix} -7 & -7 & 13 \\ 11 & 1 & 5 \\ -32 & -7 & -4 \end{bmatrix}$，$\begin{pmatrix} 2 & 5 \\ 5 & 8 \end{pmatrix}$

五、1. $\mathrm{rank}\boldsymbol{A} = 2$　2. $\mathrm{rank}\boldsymbol{B} = 2$

六、$\dfrac{1}{25}\begin{bmatrix} 20 & 20 & -30 \\ 10 & -15 & 10 \\ -3 & 2 & 2 \end{bmatrix}$

第十章

综 合 练 习

1. **解**　(1) 因为 $\boldsymbol{\alpha}_1$ 与 $\boldsymbol{\alpha}_2$ 的维数不同，所以 $\boldsymbol{\alpha}_1 - 2\boldsymbol{\alpha}_2$ 无意义。

(2) 因为 $\boldsymbol{\alpha}_1$ 与 $\boldsymbol{\alpha}_3$ 的维数相同，所以 $\boldsymbol{\alpha}_1 + 3\boldsymbol{\alpha}_3$ 有意义，且 $\boldsymbol{\alpha}_1 + 3\boldsymbol{\alpha}_3 = (1,0) + 3(1,3) = (4,9)$。

(3) 因为 $\boldsymbol{\alpha}_2$ 与 $\boldsymbol{\alpha}_4$ 的维数相同，所以 $2\boldsymbol{\alpha}_2 + 3\boldsymbol{\alpha}_4$ 有意义，且 $2\boldsymbol{\alpha}_2 + 3\boldsymbol{\alpha}_4 = 2(2,1,-3) + 3(1,0,-2) = (7,2,-12)$。

(4) 因为 $\boldsymbol{\alpha}_4$ 与 $\boldsymbol{\alpha}_6$ 的维数不同，所以 $\boldsymbol{\alpha}_4 - 3\boldsymbol{\alpha}_6$ 无意义。

(5) 因为 $\boldsymbol{\alpha}_2,\boldsymbol{\alpha}_4,\boldsymbol{\alpha}_5$ 的维数相同，所以 $2\boldsymbol{\alpha}_4 - 3\boldsymbol{\alpha}_5 + \boldsymbol{\alpha}_2$ 有意义，且 $2\boldsymbol{\alpha}_4 - 3\boldsymbol{\alpha}_5 + \boldsymbol{\alpha}_2 = 2(1\ \ 0\ \ -2) - 3(1,-1,-2) + (2,1,-3) = (1,4,-1)$。

(6) 因为 $\boldsymbol{\alpha}_5,\boldsymbol{\alpha}_4$ 维数不同，所以 $\boldsymbol{\alpha}_5 - 2\boldsymbol{\alpha}_6 - \boldsymbol{\alpha}_7$ 无意义。

2. **解**　因为 $\boldsymbol{\alpha}_1 + 2\boldsymbol{\alpha}_3 = (1+2a\ \ 2+2b\ \ 1)$，$\boldsymbol{\alpha}_1 + 2\boldsymbol{\alpha}_3 = \boldsymbol{\alpha}_2$

所以
$$\begin{cases} 1+2a=2 \\ 2+2b=0 \\ 1=c \end{cases}$$

故 $a=\dfrac{1}{2}, b=-1, c=1$。

3. **解** 因为 $\boldsymbol{\alpha}=2\boldsymbol{\alpha}_3-2\boldsymbol{\alpha}_1-3\boldsymbol{\alpha}_2$

所以 $\boldsymbol{\alpha}=2(1,2,1)-2(1,0,2)-3(-1,3,0)=(3,-5,-2)$

4. 能,因为 $\boldsymbol{\beta}=2\boldsymbol{\alpha}_1-3\boldsymbol{\alpha}_2$,所以 $\boldsymbol{\beta}$ 可由 $\boldsymbol{\alpha}_1\boldsymbol{\alpha}_2$ 线性表示。

5. 因为 $\boldsymbol{\alpha}_1$ 可由 $\boldsymbol{\alpha}_2$ 线性表示,所以 $\dfrac{a}{3}=\dfrac{b}{2}=\dfrac{1}{1}$ 故 $a=3,b=2$。

6. **解** 设 $\boldsymbol{\beta}=k_1\boldsymbol{\alpha}_1+k_2\boldsymbol{\alpha}_2$,则有
$$\begin{cases} k_1+2k_2=0 \\ 2k_1+k_2=5 \\ 3k_1=-2 \end{cases}$$

由 $k_1=-\dfrac{2}{3}$ 得 $k_2=\dfrac{1}{3}$,而 $2k_1+k_2=-\dfrac{4}{3}+\dfrac{1}{3}=1\neq5$。

所以无解,故 $\boldsymbol{\beta}$ 不能由 $\boldsymbol{\alpha}_1,\boldsymbol{\alpha}_2$ 线性表示。

7. **解** (1)因为 $\boldsymbol{\alpha}_3=2\boldsymbol{\alpha}_1$,所以 $\boldsymbol{\alpha}_1,\boldsymbol{\alpha}_2$ 线性相关,故 $\boldsymbol{\alpha}_1,\boldsymbol{\alpha}_2,\boldsymbol{\alpha}_3$ 线性相关、

(2)因为 $\boldsymbol{\alpha}_1\boldsymbol{\alpha}_2$ 不共线,所以 $\boldsymbol{\alpha}_1\boldsymbol{\alpha}_2$ 线性无关。

(3)因为向量组个数 3 大于向量的维数 2,所以向量组 $\boldsymbol{\alpha}_1,\boldsymbol{\alpha}_2,\boldsymbol{\alpha}_3$ 线性相关。

(4)因为含有零向量,所以 $\boldsymbol{\alpha}_1,\boldsymbol{\alpha}_2,\boldsymbol{\alpha}_3$ 线性相关。

8. **解** (1)构造矩阵
$$\boldsymbol{A}=(\boldsymbol{\alpha}_1^{\mathrm{T}} \quad \boldsymbol{\alpha}_2^{\mathrm{T}} \quad \boldsymbol{\alpha}_3^{\mathrm{T}})=\begin{pmatrix} 1 & 1 & 0 \\ 1 & 3 & 1 \\ 1 & 1 & 4 \end{pmatrix}$$

因为 $\boldsymbol{A}\rightarrow\begin{pmatrix} 1 & 1 & 0 \\ 0 & 2 & 1 \\ 0 & 0 & 1 \end{pmatrix}$,所以 $\mathrm{rank}\boldsymbol{A}=3$,故 $\boldsymbol{\alpha}_1,\boldsymbol{\alpha}_2,\boldsymbol{\alpha}_3$ 线性无关。

(2)构造矩阵
$$\boldsymbol{A}=(\boldsymbol{\alpha}_1 \quad \boldsymbol{\alpha}_2 \quad \boldsymbol{\alpha}_3 \quad \boldsymbol{\alpha}_4)=\begin{pmatrix} 1 & 2 & 1 & 1 \\ 2 & 1 & 1 & 3 \\ 1 & 2 & 0 & 0 \\ 2 & 1 & 1 & 3 \end{pmatrix}\rightarrow\begin{pmatrix} 1 & 2 & 1 & 1 \\ 0 & -3 & -1 & 1 \\ 0 & 0 & -1 & -1 \\ 0 & 0 & 0 & 0 \end{pmatrix}$$

$$A = \begin{pmatrix} \boldsymbol{\alpha}_1 \\ \boldsymbol{\alpha}_2 \\ \boldsymbol{\alpha}_3 \\ \boldsymbol{\alpha}_4 \end{pmatrix} = \begin{pmatrix} 1 & 1 & 1 & 1 \\ 1 & 2 & 0 & 0 \\ 0 & 1 & 0 & 2 \\ 0 & 0 & 0 & 1 \end{pmatrix} \rightarrow \begin{pmatrix} 1 & 1 & 1 & 1 \\ 0 & 1 & -1 & -1 \\ 0 & 0 & 1 & 3 \\ 0 & 0 & 0 & 1 \end{pmatrix}$$

所以 $\text{rank}A = 4$,故 $\boldsymbol{\alpha}_1, \boldsymbol{\alpha}_2, \boldsymbol{\alpha}_3, \boldsymbol{\alpha}_4$ 线性无关。

9.解 构造矩阵

$$A = (\boldsymbol{\alpha}_1^T \quad \boldsymbol{\alpha}_2^T \quad \boldsymbol{\alpha}_3^T) = \begin{pmatrix} k & 1 & 1 \\ 1 & k & 1 \\ 1 & 1 & k \end{pmatrix}$$

因为当 $\det A = 0$ 时,$\boldsymbol{\alpha}_1, \boldsymbol{\alpha}_2, \boldsymbol{\alpha}_3$ 线性相关.

因为 $\det A = \begin{vmatrix} k & 1 & 1 \\ 1 & k & 1 \\ 1 & 1 & k \end{vmatrix} = (2+k) \begin{vmatrix} 1 & 1 & 1 \\ 1 & k & 1 \\ 1 & 1 & k \end{vmatrix} = (2+k)(k-1)$

所以 $k = -2$ 或 $k = 1$ 时,$\boldsymbol{\alpha}_1, \boldsymbol{\alpha}_2, \boldsymbol{\alpha}_3$ 线性相关.

当 $k \neq -2$ 且 $k \neq 1$ 时,$\boldsymbol{\alpha}_1, \boldsymbol{\alpha}_2, \boldsymbol{\alpha}_3$ 线性无关。

10.证明 反证法.假设 $\boldsymbol{\beta}, \boldsymbol{\alpha}_1, \cdots, \boldsymbol{\alpha}_m$ 线性相关,则 $\boldsymbol{\beta}$ 可由 $\boldsymbol{\alpha}_1, \cdots, \boldsymbol{\alpha}_m$ 线性表示,与已知矛盾,故 $\boldsymbol{\beta}_1, \boldsymbol{\alpha}_1, \cdots, \boldsymbol{\alpha}_m$ 线性无关。

11.证明 设有 k_1, k_2, k_3,使得

$$k_1(\boldsymbol{\alpha}_1 + 2\boldsymbol{\alpha}_2) + k_2(\boldsymbol{\alpha}_2 + 2\boldsymbol{\alpha}_3) + k_3(\boldsymbol{\alpha}_3 + 2\boldsymbol{\alpha}_1) = 0$$

则有 $\quad (k_1 + 2k_3)\boldsymbol{\alpha}_1 + (2k_1 + k_2)\boldsymbol{\alpha}_2 + (2k_2 + k_3)\boldsymbol{\alpha}_3 = 0$

因为 $\boldsymbol{\alpha}_1, \boldsymbol{\alpha}_2, \boldsymbol{\alpha}_3$ 线性无关,所以 $\begin{cases} k_1 + 2k_3 = 0 \\ 2k_1 + k_2 = 0 \\ 2k_2 + k_3 = 0 \end{cases}$

因为 $\begin{vmatrix} 1 & 0 & 2 \\ 2 & 1 & 0 \\ 0 & 2 & 1 \end{vmatrix} = 9 \neq 0$,所以只有零解 $k_1 = k_2 = k_3 = 0$

故 $\boldsymbol{\alpha}_1 + 2\boldsymbol{\alpha}_2, \boldsymbol{\alpha}_2 + 2\boldsymbol{\alpha}_3, \boldsymbol{\alpha}_3 + 2\boldsymbol{\alpha}_1$ 线性无关。

12.解 (1) 构造矩阵

$$A = (\boldsymbol{\alpha}_1^T \quad \boldsymbol{\alpha}_2^T \quad \boldsymbol{\alpha}_3^T) = \begin{pmatrix} 1 & 2 & 1 \\ 1 & 1 & 0 \\ 0 & 2 & 1 \end{pmatrix} =$$

因为 $\boldsymbol{A} \rightarrow \begin{bmatrix} 1 & 2 & 1 \\ 0 & -1 & -1 \\ 0 & 2 & 1 \end{bmatrix} \rightarrow \begin{bmatrix} 1 & 2 & 1 \\ 0 & -1 & -1 \\ 0 & 0 & -1 \end{bmatrix}$，所以 $\operatorname{rank}\boldsymbol{A}=3$

故 $\boldsymbol{\alpha}_1,\boldsymbol{\alpha}_2,\boldsymbol{\alpha}_3$ 线性无关,所以该向量组的秩为 3,$\boldsymbol{\alpha}_1,\boldsymbol{\alpha}_2,\boldsymbol{\alpha}_3$ 是其极大无关组。

（2）构造矩阵

$$\boldsymbol{A}=(\boldsymbol{\alpha}_1 \quad \boldsymbol{\alpha}_2 \quad \boldsymbol{\alpha}_3 \quad \boldsymbol{\alpha}_4)=\begin{bmatrix} 1 & 1 & 2 & 2 \\ 1 & 2 & 1 & 0 \\ 1 & 1 & 2 & 0 \\ 1 & 2 & 1 & 2 \end{bmatrix} \xrightarrow{\text{行变换}} \begin{bmatrix} 1 & 1 & 2 & 2 \\ 0 & 1 & -1 & 0 \\ 0 & 0 & 0 & -2 \\ 0 & 0 & 0 & 0 \end{bmatrix}$$

因为 $\operatorname{rank}\boldsymbol{A}=3$,所以向量组的秩为 3 且 $\boldsymbol{\alpha}_1,\boldsymbol{\alpha}_2,\boldsymbol{\alpha}_4$ 是该向量组的极大无关组。

（3）构造矩阵

$$\boldsymbol{A}=(\boldsymbol{\alpha}_1^{\mathrm{T}} \quad \boldsymbol{\alpha}_2^{\mathrm{T}} \quad \boldsymbol{\alpha}_3^{\mathrm{T}} \quad \boldsymbol{\alpha}_4^{\mathrm{T}})=\begin{bmatrix} 1 & 2 & 0 & 1 \\ 0 & 0 & 1 & 1 \\ 1 & 2 & 0 & 1 \\ 0 & 0 & 2 & 2 \end{bmatrix} \rightarrow \begin{bmatrix} 1 & 2 & 0 & 1 \\ 0 & 0 & 1 & 1 \\ 0 & 0 & 0 & 0 \\ 0 & 0 & 0 & 0 \end{bmatrix}$$

所以向量组的秩为 2 且 $\boldsymbol{\alpha}_1,\boldsymbol{\alpha}_3$ 为一个极大无关组。

13.**解** 构造矩阵

$$\boldsymbol{A}=\begin{bmatrix} \boldsymbol{\alpha}_1 \\ \boldsymbol{\alpha}_2 \\ \boldsymbol{\alpha}_3 \end{bmatrix}=\begin{bmatrix} a & 1 & 1 \\ 1 & 1 & 1 \\ 1 & 2 & a \end{bmatrix}$$

因为 $\operatorname{rank}\boldsymbol{A}=2$,所以 $\det\boldsymbol{A}=0$,因为 $\det\boldsymbol{A}=\begin{vmatrix} a & 1 & 1 \\ 1 & 1 & 1 \\ 1 & 2 & a \end{vmatrix}=(a-1)(a-2)$

所以 $a=1$ 或 $a=2$

当 $a=1$ 时

$$\boldsymbol{A}=\begin{bmatrix} 1 & 1 & 1 \\ 1 & 1 & 1 \\ 1 & 2 & 1 \end{bmatrix} \rightarrow \begin{bmatrix} 1 & 2 & 1 \\ 0 & -1 & 0 \\ 0 & 0 & 0 \end{bmatrix} \quad \operatorname{rank}\boldsymbol{A}=2$$

当 $a=2$ 时

$$\boldsymbol{A}=\begin{bmatrix} 2 & 1 & 1 \\ 1 & 1 & 1 \\ 1 & 2 & 2 \end{bmatrix} \rightarrow \begin{bmatrix} 1 & 1 & 1 \\ 0 & 1 & 1 \\ 0 & 0 & 0 \end{bmatrix} \quad \operatorname{rank}\boldsymbol{A}=2$$

故当 $a=1$ 或 $a=2$ 时 $\mathrm{rank}A=2$。

14. **证明**　若 $\boldsymbol{\alpha}_i \in \{\boldsymbol{\alpha}_1,\boldsymbol{\alpha}_2,\cdots,\boldsymbol{\alpha}_r\}$，则 $\boldsymbol{\alpha}_i$ 可由 $\boldsymbol{\alpha}_1,\boldsymbol{\alpha}_2,\cdots,\boldsymbol{\alpha}_r$ 线性表示。

若 $\boldsymbol{\alpha}_i \notin \{\boldsymbol{\alpha}_1,\boldsymbol{\alpha}_2,\cdots,\boldsymbol{\alpha}_r\}$，则 $\boldsymbol{\alpha}_1,\boldsymbol{\alpha}_2,\cdots,\boldsymbol{\alpha}_r,\boldsymbol{\alpha}_i$ 是 $r+1$ 个向量. 其线性相关，所以 $\boldsymbol{\alpha}_i$ 可由 $\boldsymbol{\alpha}_1,\boldsymbol{\alpha}_2,\cdots,\boldsymbol{\alpha}_r$ 线性表示. 故 $\boldsymbol{\alpha}_i$ 可由 $\boldsymbol{\alpha}_1,\boldsymbol{\alpha}_2,\cdots,\boldsymbol{\alpha}_r$ 线性表示.

15. **解**　因为系数矩阵

$$A=\begin{pmatrix} 1 & 1 & 1 & 1 \\ 1 & -1 & 1 & -1 \\ 3 & 1 & 3 & 1 \end{pmatrix} \xrightarrow{\text{行变换}} \begin{pmatrix} 1 & 0 & 1 & 0 \\ 0 & 1 & 0 & 1 \\ 0 & 0 & 0 & 0 \end{pmatrix}$$

所以 $\begin{cases} x_1=-x_3 \\ x_2=-x_4 \\ x_3=x_3 \\ x_4=x_4 \end{cases}$，基础解系为 $(-1,0,1,0)^{\mathrm{T}},(0,-1,0,1)^{\mathrm{T}}$

故通解为 $x=k_1(-1,0,1,0)^{\mathrm{T}}+k_2(0,-1,0,1)^{\mathrm{T}}$　k_1,k_2 为任意数。

16. **解**　该方程组的增广矩阵为

$$\hat{A}=\begin{pmatrix} 1 & 1 & 1 & 1 & 1 \\ 1 & 2 & 2 & -1 & 2 \\ 2 & 1 & 4 & 1 & 3 \end{pmatrix} \xrightarrow{\text{行变换}} \begin{pmatrix} 1 & 0 & 0 & 3 & 0 \\ 0 & 1 & 0 & -1 & \frac{1}{3} \\ 0 & 0 & 1 & -1 & \frac{2}{3} \end{pmatrix}$$

所以 $\begin{cases} x_1=-3x_4 \\ x_2=\dfrac{1}{3}+x_4 \\ x_3=\dfrac{2}{3}+x_4 \\ x_4=x_4 \end{cases}$

故该方程组的通解为 $x=\left(0,\dfrac{1}{3},\dfrac{2}{3},0\right)^{\mathrm{T}}+k(-3,1,1,1)^{\mathrm{T}}(k$ 为任意数$)$。

17. **解**　因为系数矩阵 $A=\begin{pmatrix} \lambda & 2 & 2 \\ 2 & \lambda & 2 \\ 2 & 2 & \lambda \end{pmatrix}$，$\det A=(4+\lambda)(\lambda-2)^2$

所以 $\lambda\neq 2$ 且 $\lambda\neq -4$，该方程组有唯一解。

当 $\lambda=2$ 时，其增广矩阵

$$\hat{A} = \begin{pmatrix} 2 & 2 & 2 & 1 \\ 2 & 2 & 2 & 3 \\ 2 & 2 & 2 & 2 \end{pmatrix} \rightarrow \begin{pmatrix} 2 & 2 & 2 & 1 \\ 0 & 0 & 0 & 2 \\ 0 & 0 & 0 & 0 \end{pmatrix}$$

因为 $\text{rank}A = 1 < 2 = \text{rank}\hat{A}$

所以 $\lambda = 2$ 时无解。

当 $\lambda = -4$ 时,其增广矩阵

$$\hat{A} = \begin{pmatrix} -4 & 2 & 2 & 1 \\ 2 & -4 & 2 & 3 \\ 2 & 2 & -4 & -4 \end{pmatrix} \rightarrow \begin{pmatrix} 1 & 0 & -1 & -\dfrac{2}{3} \\ 0 & 1 & -1 & -\dfrac{5}{6} \\ 0 & 0 & 0 & 0 \end{pmatrix}$$

因为 $\text{rank}A = \text{rank}\hat{A} = 2 < 3$,所以有无穷多解。同解方程组为

$$\begin{cases} x_1 = -\dfrac{2}{3} + x_3 \\ x_2 = -\dfrac{5}{6} + x_3 \\ x_3 = x_3 \end{cases}$$

所以通解为 $x = \left(-\dfrac{2}{3}, -\dfrac{5}{6}, 0\right)^{\mathrm{T}} + k(1,1,1)^{\mathrm{T}}$($k$ 为任意数)。

自 测 试 题

一、1. × 2. √ 3. √ 4. √ 5. √

二、1. D 2. A 3. B 4. D 5. B

三、填空题

1. 可以由 2. 线性无关 3. 有解 4. $k(1 \quad 1 \quad \cdots \quad 1)^{\mathrm{T}}$ (k 任意)

5. $(1,2,1)^{\mathrm{T}} + k(0 \quad 1 \quad 1)^{\mathrm{T}}$ (k 任意)

四、$(-1, 4, 7)$

五、1. 线性无关 2. 线性相关

六、$\alpha_1, \alpha_2, \alpha_4$ 是一个极大无关组,秩为 3

七、当 $a = 1$ 时有解,且通解为 $(1 \quad 0 \quad 0 \quad 0)^{\mathrm{T}} + k_1(-1 \quad 0 \quad 1 \quad 0)^{\mathrm{T}} + k_2(-1, -2, 0, 3)^{\mathrm{T}}$ k_1, k_2 为任意数。

第十一章

综合练习

1. 可重复性;可观察性;不确定性。

2. 略。

3. (1) 三个事件都发生可表示为 ABC。

(2) 三个事件至少有一个发生可表示为 $A \bigcup B \bigcup C$。

(3) 事件"三个都不发生"可表示为 $\overline{ABC}$。

4. **解** (1) $\Omega = \{正, 反\}$,

(2) $\Omega = \{(正、正), (正、反), (反、正), (反、反)\}$,

(3) $\Omega = \{(正), (反, 正), (反, 反, 正), \cdots\}$,

(4) $\Omega = \{x; 0 \leqslant x \leqslant m\}$。

5. $\overline{A}$ 表示"甲种产品畅销或乙种产品滞销"。

6. **解** $\dfrac{2}{5!} = 0.01667$。

7. **解** 因为 A 与 B 互不相容,所以
$$P(AB) = 0$$
$$P(A \bigcup B) = P(A) + P(B) - P(AB) = 0.5 + 0.2 - 0 = 0.7$$

8. **解** 因为 A 与 B 相互独立,所以
$$P(AB) = P(A)P(B) = 0.5 \times 0.2 = 0.1$$
$$P(A \bigcup B) = P(A) + P(B) - P(AB) = 0.5 + 0.2 - 0.1 = 0.6$$

9. **解** $P = 1 - C_3^0 \left(\dfrac{1}{4}\right)^0 \left(\dfrac{3}{4}\right)^3 = 1 - \dfrac{27}{64} = \dfrac{37}{64}$

10. **解** 设三个人能破译出密码分别为事件 A, B, C,则密码能被译出的概率为
$$P = P(A \bigcup B \bigcup C) = P(A) + P(B) + P(C) - P(AB) - P(AC) -$$
$$P(BC) + P(ABC) = \dfrac{1}{4} + \dfrac{1}{3} + \dfrac{1}{2} - \dfrac{1}{4} \times \dfrac{1}{3} - \dfrac{1}{4} \times \dfrac{1}{2} -$$
$$\dfrac{1}{3} \times \dfrac{1}{2} + \dfrac{1}{4} \times \dfrac{1}{3} \times \dfrac{1}{2} = \dfrac{3}{4}$$

11. 解　　$P = \dfrac{C_4^2 C_2^1}{C_6^3} = \dfrac{3}{5}$。

12. 解　　设甲射中目标为事件 A，乙射中目标为事件 B，由题意 A,B 独立，则目标被击中的概率 $P = P(A \bigcup B) = P(A) + P(B) - P(AB) = 0.8$

13. 解　　$p(A \bigcup \overline{B}) = p(A) + p(\overline{B}) - p(A\overline{B}) =$
$$p(A) + p(\overline{B}) - [p(A) - p(AB)] =$$
$$p(\overline{B}) + p(AB) = 1 - p + q$$

14. 解　　指定的三本书放在一起有 $3!$ 种方法，将指定的三本书看作一个整体和剩下的书一共有 $8!$ 种方法，所以 $p = \dfrac{3! \ 8!}{10!}$。

15. 解　　$P(AB \mid \overline{C}) = \dfrac{P(AB\overline{C})}{P(\overline{C})} = \dfrac{P(AB)}{1 - P(C)} = \dfrac{3}{4}$。

16. 解　　设事件 A 表示"取到废品"，则 $\overline{A}$ 表示没有取到废品，因此
$$P(A) = 1 - P(\overline{A}) = 1 - \dfrac{C_{46}^3}{C_{50}^3} = 0.2255$$

17. 解　　$P(A \bigcup B) = P(A) + P(B) - P(AB) =$
$$P(A) + P(B) - P(A)P(B) = 0.7 \quad \Rightarrow$$
$$0.4 + 0.6 P(B) = 0.7 \quad \Rightarrow \quad P(B) = 0.5$$

18. 解　　由题意，$P(AB) = P(A)P(B) > 0$，故 A 与 B 不可能互不相容。

19. 解　　设 A_1, A_2 分别表示第 1、2 车间的产品，B 表示取到的产品为合格品，则由全概率公式
$$P(B) = \sum_{k=1}^{2} P(A_k) P(B \mid A_k) = \dfrac{2}{5} \times 0.8 + \dfrac{3}{5} \times 0.7 = 0.74$$

20. 解　　(1) $P(A) = \dfrac{C_3^1 \times 3^2}{4^3} = \dfrac{27}{64}$；　　　(2) $P(B) = \dfrac{C_3^1 \times C_2^1 \times 2}{4^3} = \dfrac{3}{16}$。

21. 解　　设 $A =$ "能活到 20 岁以上"，$B =$ "能活到 25 岁以上"，则
$$P(B \mid A) = \dfrac{P(AB)}{P(A)} = \dfrac{P(B)}{P(A)} = \dfrac{1}{2}$$

22. 解　　设 A_1, A_2, A_3 分别表示甲、乙、丙三个车间的产品，B 表示取到的产品为次品，则由全概率公式
$$P(B) = \sum_{k=1}^{3} P(A_k) P(B \mid A_k) = 0.25 \times 0.05 + 0.35 \times 0.04 +$$
$$0.4 \times 0.02 = 0.0345$$

23. 解　　(1) 设 A 表示第一次、第二次都取到红球，$P(A) = \dfrac{5 \times 5}{7 \times 7} = \dfrac{25}{49}$。

(2) 设 B 取出两只球中一只是红球,一只是白球。

$$P(B) = \frac{5 \times 2 + 2 \times 5}{7 \times 7} = \frac{20}{49}$$

24. **解** 设事件 A 表示"机床加工零件 A",则 B 表示"机床加工零件 B",设事件 C 表示"机床停工"。

$$P(C) = P(A) \cdot P(C \mid A) + P(B) \cdot P(C \mid B) = 0.37$$

自测试题

一、1. √   2. ×   3. ×

二、1. D   2. D   3. C   4. A

三、1. 0.6,   2. ∅   3. $\frac{1}{C_{54}^4}$ 4. $\frac{2}{3}$

四、样本空间 $\Omega = \{t \mid t \geqslant 0\}$;子集 $\{t \mid 500 \leqslant t \leqslant 520\}$

五、$\frac{25}{69}$

六、$\frac{9 \times A_9^7}{9 \times 10^7} = 0.018144$

七、(1)3.5%   (2)51.4%

第十二章

综合练习

1. **解** (1) $F(\infty) = A + \frac{\pi}{2}B = 1$, $F(-\infty) = A - \frac{\pi}{2}B = 0$

解得

$$A = \frac{1}{2}, B = \frac{2}{\pi}$$

(2)$F(0) = A + \arctan(0)B = \frac{1}{2}$

2. **解** (1)$\int_{-\infty}^{\infty} f(x)\mathrm{d}x = \int_0^C 2x\mathrm{d}x = C^2 = 1$,可得 $C = 1$

$$(2)F(x)=\int_{-\infty}^{x}f(t)\mathrm{d}t=\begin{cases}0, & x<0\\ \int_{0}^{x}2t\mathrm{d}t=x^2, & 0\leqslant x<C\\ \int_{0}^{C}2t\mathrm{d}t=1, & x\geqslant C\end{cases}$$

3.解

$X=2\pi R$	20π	22π	24π	26π
P	0.1	0.4	0.3	0.2

$Y=\pi R^2$	100π	121π	144π	169π
P	0.1	0.4	0.3	0.2

4.解 由分布律的规范性

$$\sum_{i=0}^{3}P(X=i)=\sum_{i=0}^{3}\frac{A}{2^i}=1$$

可得
$$A=\frac{8}{15}$$

$$P(X\leqslant 2)=P(X=0)+P(X=1)+P(X=2)=\frac{14}{15}$$

$$P\left(\frac{1}{2}<X<\frac{5}{2}\right)=P(X=1)+P(X=2)=\frac{6}{15}$$

5.解 $(1)\int_{-\infty}^{\infty}f(x)\mathrm{d}x=\int_{0}^{\infty}K\mathrm{e}^{-3x}\mathrm{d}x=1$,解得:$K=3$

$(2)P(X>0.1)=1-P(X\leqslant 0.1)=1-\int_{0}^{0.1}3\mathrm{e}^{-3x}\mathrm{d}x=\mathrm{e}^{-0.3}$

6.解 $\displaystyle\sum_{k=0}^{\infty}P(X=k)=\sum_{k=0}^{\infty}\frac{2^k C}{k!}=C\mathrm{e}^2=1,C=\mathrm{e}^{-2}$。

7.解 $P(X=k)=\dfrac{\lambda^k\mathrm{e}^{-\lambda}}{k!},k=0,1,2,\cdots$

$$P(X\geqslant 1)=1-P(X=0)=1-\mathrm{e}^{-\lambda}=4/5$$

可解得
$$\lambda=\ln 5=1.6$$

8.解 $X=3,4,5$,计算可得:

$$P(X=3)=\frac{1}{C_5^3}=\frac{1}{10}$$

$$P(X=4)=\frac{C_3^2}{C_5^3}=\frac{3}{10}$$

$$P(X=5)=\frac{C_4^2}{C_5^3}=\frac{6}{10}$$

那么 X 的分布律为

X	3	4	5
P	1/10	2/10	6/10

而 X 的分布函数为

$$F(x)=\begin{cases}0, & x<3\\ 1/10, & 3\leqslant x<4\\ 3/10, & 4\leqslant x<5\\ 1, & x\geqslant 5\end{cases}$$

9. 解　$P(X=k)=\dfrac{\lambda^k e^{-\lambda}}{k!},k=0,1,2,\cdots$

$$P(X=6)=\frac{3^6 e^{-3}}{6!}=\frac{81}{80}e^{-3}$$

$$P(X>10)=1-P(X\leqslant 10)=1-\sum_{k=0}^{10}\frac{3^k e^{-3}}{k!}$$

10. 解

$$f_Y(y)=f_X(\frac{y-3}{2})\left|(\frac{y-3}{2})'\right|=\begin{cases}\dfrac{(y-3)^3}{8}e^{-\frac{(y-3)^2}{4}}, & \dfrac{y-3}{2}\geqslant 0\\ 0, & \text{其他}\end{cases}$$

11. 解　$EX=(-2)\times 0.4+0\times 0.3+2\times 0.3=-0.2$

$E(X^2)=(-2)^2\times 0.4+0^2\times 0.3+2^2\times 0.3=2.8$

$E(3X^2+5)=3E(X^2)+5=3\times 2.8+5=13.4$

12. 解　$E(3X+1)=3EX+1=3\pi+1$

$E(X\pm Y)=EX\pm EY=\pi\pm\mu$

$E(XY+Y^2)=E(XY)+E(Y^2)=EXEY+(\sigma^2+\mu^2)=\pi\mu+(\sigma^2+\mu^2)$

13. 解　$$EX=\int_{-\infty}^{\infty}x e^{-|x|}/2\,dx=0$$

$$E(X^2)=\int_{-\infty}^{\infty}x^2 e^{-|x|}/2\,dx=\int_0^{\infty}2x^2 e^{-x}/2\,dx=2$$

$$DX=E(X^2)-(EX)^2=2$$

14. 解 $EZ = 1/3, DZ = DX/9 + DY/4 = 5$

$D(2Z) + E(6Z) = 4DZ + 6EZ = 22$

15. 解
$$EX = \int_0^1 x(a + bx^2)\mathrm{d}x = a/2 + b/4 = 3/5$$

$$\int_{-\infty}^{\infty} f(x)\mathrm{d}x = \int_0^1 (a + bx^2)\mathrm{d}x = a + b/3 = 1$$

可解得：$a = 3/5, b = 6/5$

$$E(X^2) = \int_0^1 x^2(a + bx^2)\mathrm{d}x = a/3 + b/5$$

$$DX = E(X^2) - (EX)^2 = 2/25$$

16. 解 $P(X = k) = C_4^k \left(\dfrac{1}{3}\right)^k \left(\dfrac{2}{3}\right)^{4-k}, k = 0,1,2,3,4$

X	0	1	2	3	4
P	$\left(\dfrac{2}{3}\right)^4$	$4\left(\dfrac{1}{3}\right)^1 \left(\dfrac{2}{3}\right)^3$	$6\left(\dfrac{1}{3}\right)^2 \left(\dfrac{2}{3}\right)^2$	$4\left(\dfrac{1}{3}\right)^3 \left(\dfrac{2}{3}\right)^1$	$\left(\dfrac{1}{3}\right)^4$

$$EX = np = 4 \times \frac{1}{3} = \frac{4}{3}, \quad DX = np(1-p) = 4 \times \frac{1}{3} \times \frac{2}{3} = \frac{8}{9}$$

17. 解 设每件产品的获利为 X，可视作随机变量。由题意

X	10	-2
P	0.9	0.1

则平均利润为

$$EX = 10 \times 0.9 - 2 \times 0.1 = 8.8$$

自 测 试 题

一、1. √ 2. × 3. √ 4. × 5. ×

二、1. D 2. B 3. C 4. A 5. D

三、1. 4/5 2. 1 及 3.4 3. $\dfrac{1}{2}$ 4. $\dfrac{3}{4}\ln 6$ 5. 25

6.7.8 解答如下：

X（得奖金额）	6	9	12
P	7/15	7/15	1/15

$$EX = 6 \times \frac{7}{15} + 9 \times \frac{7}{15} + 12 \times \frac{1}{15} = 39/5 = 7.8$$

四、解 $F(1-0) = \lim_{x \to 1^-} Ax^2 = A = F(1+0) = 1$

$$P(0.3 < X < 0.7) = F(0.7) - F(0.3) = 0.7^2 - 0.3^2 = 0.4$$

$$f(x) = F'(x) = \begin{cases} 2x, & 0 \leqslant x < 1 \\ 0, & \text{其他} \end{cases}$$

五、解   由分布律 $P(X=k) = C_n^k p^k (1-p)^{n-k}, n=6, k=1,2,\cdots 6$

再由 $P(X=1) = C_6^1 p^1 (1-p)^5 = P(X=5) = C_6^5 p^5 (1-p)^1$

即有

$$p^4 = (1-p)^4$$

可算得：$p = 1/2$，从而 $P(X=3) = C_6^3 \left(\frac{1}{2}\right)^3 \left(\frac{1}{2}\right)^3 = 5/16$

六、解 $E(\mathrm{e}^{-2X}) = \int_0^1 \mathrm{e}^{-2x} \mathrm{e}^{-x} \mathrm{d}x = \dfrac{1-\mathrm{e}^{-3}}{3}$

七、解

X	a	b
P	0.6	0.4

$EX = 1.4 = 0.6a + 0.4b$

$DX = 0.24 = 0.6a^2 + 0.4b^2 - 1.4^2$

$a = 1, b = 2$ 或者 $a = \dfrac{9}{5}, b = \dfrac{4}{5}$

八、解 $EX = \int_0^1 x(1-(1-x))\mathrm{d}x + \int_1^2 x(1+(1-x))\mathrm{d}x = 5/3$

第十三章

综 合 练 习

1.解 $\overline{x} = (4+6+4+3+5+4+5+8+4+7)/10 = 5$

$$S_{10}^2 = \frac{1}{10} \sum_{n=1}^{10} (x_n - \overline{x})^2 = 2.2$$

$$S_{10}^{*2} = \frac{10}{10-1}S_{10}^2 = 22/9$$

2.**解**　样本分布律为

$$\prod_{i=1}^{n} C_N^{x_i} p^{\sum_{i=1}^{n} x_i} (1-p)^{nN-\sum_{i=1}^{n} x_i}$$

$$E\overline{X} = EX = Np$$

$$D\overline{X} = \frac{1}{n}DX = \frac{Np(1-p)}{n}$$

$$ES_n^2 = \frac{n-1}{n}DX = \frac{n-1}{n}Np(1-p)$$

$$ES_n^{*2} = DX = Np(1-p)$$

3.**解**

	$u_{\alpha/2}$	$t_{\alpha/2}(14)$	$\chi_{\alpha/2}^2(10)$	$\chi_{1-\alpha/2}^2(10)$	$F_{\alpha/2}(8,5)$	$F_{1-\alpha/2}(8,5)$
$\alpha = 0.05$	1.96	2.1448	20.5	3.25	6.76	1/4.82
$\alpha = 0.1$	1.65	1.7613	18.3	3.94	4.82	1/3.69

4.**解**　因为

$$X_1 + X_2 + X_3 \sim N(0,3),所以(X_1 + X_2 + X_3)/\sqrt{3} \sim N(0,1)$$

故　　　　　　　　$$\left[(X_1 + X_2 + X_3)/\sqrt{3}\right]^2 \sim \chi^2(1)$$

同理　　　　　　　$$\left[(X_4 + X_5 + X_6)/\sqrt{3}\right]^2 \sim \chi^2(1)$$

根据 χ^2 分布的可加性,$\frac{1}{3}Y \sim \chi^2(2)$,所以,$c = 1/3$。

5.**解**　可知,$X_1 + X_2 \sim N(0,2\sigma^2)$,$X_3 - X_4 \sim N(0,2\sigma^2)$,所以,

$$\left(\frac{X_1 + X_2}{\sqrt{2}\sigma}\right)^2 \sim \chi^2(1), \quad \left(\frac{X_3 - X_4}{\sqrt{2}\sigma}\right)^2 \sim \chi^2(1)$$

由 F 分布的定义可知,$Y \sim F(1,1)$。

6.**解**　由已知可得,$EX = Np$,根据矩估计法,$N\hat{p} = \overline{X}$,则参数 p 的矩估计量为 $\hat{p} = \overline{X}/N$。

7.**解**
$$L(\theta) = \prod_{i=1}^{n} p(x_i) = \theta^n \prod_{i=1}^{n} x_i^{\theta-1}$$

$$\ln L(\theta) = n\ln(\theta) + (\theta-1)\sum_{i=1}^{n} \ln x_i$$

令 $\dfrac{\partial\ln L(\theta)}{\partial\theta}=0$,可得,$\theta$ 的最大似然估计为

$$\hat\theta=\dfrac{-n}{\displaystyle\sum_{i=1}^{n}\ln X_i}.$$

8. **解**　$EX=\displaystyle\int_0^\theta xp(x)\mathrm{d}x=\theta/2$,根据矩估计法

$$\hat\theta/2=\overline X$$

则参数 θ 的矩估计量为 $\hat\theta=2\overline X$。

9. **解**　(1). $EX=\displaystyle\int_0^{+\infty}xp(x)\mathrm{d}x=\theta$,令 $\theta=\overline X$,可得 $\hat\theta_M=\overline X$ 为 θ 的矩估计量;

(2)
$$L(\theta)=\prod_{i=1}^{n}p(x_i)=\dfrac{1}{\theta^n}\exp\left(-\dfrac{1}{\theta}\sum_{i=1}^{n}x_i\right)$$

$$\ln L(\theta)=-n\ln\theta-\dfrac{1}{\theta}\sum_{i=1}^{n}x_i$$

令 $\dfrac{\partial\ln L(\theta)}{\partial\theta}=0$,可得 $\hat\theta_L=\overline x$,故 $\hat\theta_L=\overline X$ 为 θ 的最大似然估计量。

(3). $E(\hat\theta_M)=E(\hat\theta_L)=E\overline X=EX=\theta$,所以 $\hat\theta_M$ 和 $\hat\theta_L$ 均为 θ 的无偏估计。

10. **解**　$EX=0^*\theta^2+1*2\theta(1-\theta)+2*\theta^2+3(1-2\theta)=3-4\theta$,

$$\overline x=(3+1+3+0+3+1+2+3)/8=2$$

又 $EX=\overline x$,即 $3-4\theta=2$,所以,可得 θ 的矩估计值 $\hat\theta=(3-2)/4=1/4$。

11. **解**　显然,$\hat\mu_1,\hat\mu_2$ 和 $\hat\mu_4$ 均为 μ 的无偏估计,而

$$E\hat\mu_3=\dfrac{1}{7}EX_1+\dfrac{3}{7}EX_2=4\mu/7\neq\mu$$

所以 $\hat\mu_3$ 不是 μ 的无偏估计。$D\hat\mu_1=10/16=5/8,D\hat\mu_2=1/4,D\hat\mu_4=13/25$,故 $\hat\mu_2$ 最有效。

12. **解**　置信度 $1-\alpha=0.95,\alpha=0.05,u_{\alpha/2}=1.96$,又 $\overline x=10000,n=100$,$\sigma=40$,因此得,置信下限,$\overline x-u_{\alpha/2}\dfrac{\sigma}{\sqrt n}=9992.16$,置信上限,

$$\overline x+u_{\alpha/2}\dfrac{\sigma}{\sqrt n}=10007.86$$

从而,整批显像管平均寿命 μ 的置信度为 95% 的置信区间为 $[9992.16,10007.86]$7

13. **解**　由题意,$n=5,\overline x=1.374,(n-1)S_n^{*2}=0.00872$,又

$1-\alpha=0.99, \alpha/2=0.005, \chi^2_{0.005}(4)=14.9, \chi^2_{0.995}(4)=0.207$。

因此,可得置信下限

$$\frac{(n-1)S_n^{*2}}{\chi^2_{0.005}(4)}=5.8524*10^{-4}$$

置信上限

$$\frac{(n-1)S_n^{*2}}{\chi^2_{0.995}(4)}=0.0421$$

置信区间为$[0.00058524, 0.0421]$。

14. 解 μ 的置信度为 95% 的置信区间为

$$\left[\overline{x}-\frac{S_n^*}{\sqrt{n}}t_{\alpha/2}(n-1), \overline{x}+\frac{S_n^*}{\sqrt{n}}t_{\alpha/2}(n-1)\right]=[14.751, 15.269]$$

15. 解 拒绝域分别为

$$W=\{(x_1, x_2, \cdots, x_n): |u| \geqslant u_{\frac{\alpha}{2}}\}$$
$$W=\{(x_1, x_2, \cdots, x_n): |t| \geqslant t_{\frac{\alpha}{2}}(n-1)\}。$$

16. 解 在 H_0 成立的条件下,有

$$T=\frac{\overline{X}-2.2}{S_n^*/\sqrt{n}} \sim t(n-1), \quad \alpha=0.05$$

则

$$t_{0.025}(5)=2.5706$$

由样本值算得,$|t|=\left|\frac{2.5-2.2}{\sqrt{0.104}}\sqrt{6}\right|=2.276<2.5706$,所以,接受 H_0。

17. 解 $H_0: \sigma^2=2.5 \leftrightarrow H_1: \sigma^2 \neq 2.5$,选择统计量为

$$\chi^2=\sum_{i=1}^{10}(x_i-\overline{x})^2/\sigma^2$$

当原假设成立时,$\chi^2 \sim \chi^2(n-1)$。根据样本值可得,$\chi^2=10$,而

$$\chi^2_{1-\alpha/2}(n-1)=\chi^2_{0.995}(9)=1.73$$
$$\chi^2_{\alpha/2}(n-1)=\chi^2_{0.005}(9)=23.6$$

从而接受原假设。

18. 解 $X \sim N(\mu, \sigma^2)$,且 $\sigma=0.15$。$H_0: \mu=10.5 \leftrightarrow H_1: \mu \neq 10.5$,取检验统计量为 $U=\frac{\overline{X}-\mu_0}{\sigma}\sqrt{n}$,在 H_0 成立的条件下,其服从标准正态分布。$\alpha=0.05$,可得 $u_{\alpha/2}=1.96$。由样本值可算得,$u=\frac{10.48-10.5}{0.15/\sqrt{15}}=-0.516$,故接受假设,认为该机器正常工作。

19. 解 $H_0: \mu_1 = \mu_2 \leftrightarrow H_1: \mu_1 \neq \mu_2$

$$U = (\overline{X}_1 - \overline{X}_2) / \sqrt{\frac{\sigma_1^2}{n_1} + \frac{\sigma_2^2}{n_2}},$$

当原假设成立时,其服从标准正态分布。根据样本值,可算的,$|u| = 1.7392$,而 $u_{\alpha/2} = u_{0.025} = 1.96$,$|u| < u_{\alpha/2}$,故接受原假设。

20. 解 取检验统计量,$T = \dfrac{\overline{X} - \mu_0}{S_n^*} \sqrt{n}$,代入数据可得,

$$|t| = 3.544 < 4.6041 = t_{0.005}(4)$$

故,接受原假设。

自 测 试 题

一、1. × 2. × 3. √ 4. × 5. ×

二、1. B 2. D 3. B,C 4. C

三、1. $\left[\lambda^{\sum\limits_{i=1}^{n} x_i} / \prod\limits_{i=1}^{n} x_i! \right] e^{-n\lambda}$, λ, λ/n, $\dfrac{n-1}{n}\lambda$, λ;

2. $n, 2$; 3. $1/20, 1/100$; 4. $F_\alpha(n_2, n_1)$; 5. $N\left(\sum\limits_{i=1}^{n} C_i \mu_i, \sum\limits_{i=1}^{n} C_i^2 \sigma_i^2 \right)$;

6. σ^2/n, $\left[\overline{X} - t_{\alpha/2}(n-1) S_n^* / \sqrt{n}, \overline{X} + t_{\alpha/2}(n-1) S_n^* / \sqrt{n} \right]$

四、$\hat{\theta} = \overline{X}/2$

五、$\overline{x} = 2.125$, $[2.121, 2.129]$

六、不能认为断裂强度为 800

七、无显著差异

第十四章

综 合 练 习

1. 解 设抗拉强度为 $x_{ij} = \mu_i + \varepsilon_{ij}$ $i, j = 1, 2, 3, 4, 5$

$H_0: \mu_1 = \mu_2 = \mu_3 = \mu_4 = \mu_5$; $H_1: \mu_i \neq \mu_j$,至少有一对 i, j。

这里 $a = 5, n_i = 5(i = 1, 2, 3, 4, 5), n = 25$

$S_T = 636.96$, $S_A = 475.76, S_E = S_T - S_A = 161.20$

$F_a(a-1,n-a)=F_{0.01}(4,20)=4.43,F=14.76>4.43=F_{0.01}(4,20)$，故拒绝原假设 H_0，接受 H_1，说明棉花的百分比对人造纤维的抗拉强度有影响。

2.**解**　设薄板的厚度为 $x_{ij}=\mu_i+\varepsilon_{ij}$　$i=1,2,3,j=1,2,3,4$

检验 $H_0:\mu_1=\mu_2=\mu_3$

$$F=32.92>F_{0.05}(2,12)=3.89,$$

拒绝 H_0，认为各台机器所生产的薄板的厚度有显著的差异.

3.**解**　设氢化奎宁的熔点为 $x_{ij}=\mu_i+\varepsilon_{ij}$　$i=1,2,3,j=1,2,3,4$

检验 $H_0:\mu_1=\mu_2=\mu_3$

$$F=0.344<F_{0.05}=4.74,$$

接受 H_0，认为氢化奎宁的熔点测定结果不受使用温度计的影响。

4.**解**　(1)略；

(2)由表中数据可得

$$\hat{b}=\frac{\sum\limits_{i=1}^{12}x_iy_i-n\overline{x}\,\overline{y}}{\sum\limits_{i=1}^{12}x_i^2-n\overline{x}^2}=0.5886,\hat{a}=\overline{y}-\hat{b}\,\overline{x}=2.4629$$

于是得到一元线性回归方程为 $\hat{y}=10.283+0.304x$

(3)将 $x=10$ 代入 $\hat{y}=10.283+0.304x$，可得 $\hat{y}=8.3489$。

5.**解**　(1)由表中数据可得

$$\hat{b}=\frac{\sum\limits_{i=1}^{7}x_iy_i-n\overline{x}\,\overline{y}}{\sum\limits_{i=1}^{7}x_i^2-n\overline{x}^2}=12.5504$$

$$\hat{a}=\overline{y}-\hat{b}\,\overline{x}=13.9583$$

于是得到一元线性回归方程为 $\hat{y}=13.9583+12.5504x$。另外

$$F=\sum_{i=1}^{7}(\hat{Y}_i-\overline{Y})^2/[\sum_{i}^{7}(Y_i-\hat{Y}_i)^2/(7-2)]\sim F(1,5)>F_{0.05}(1,5)$$

因而,线性相关关系显著

(2)将 $x=0.5$ 代入 $\hat{y}=13.9583+12.5504x$，可得点预测为

$$\hat{y}=20.2335$$

将表中的数据以及(1)中的结果代入

$$(\hat{a}+\hat{b}x_0-\delta(x_0),\hat{a}+\hat{b}x_0+\delta(x_0))=(\widetilde{Y}_0-\delta(x_0),\widetilde{Y}_0+\delta(x_0))$$

即可得区间预测为(19.6621,20.8049)

6.**解** (1)由表中数据可得

$$\hat{b}=\frac{\sum\limits_{i=1}^{11}x_iy_i-n\overline{x}\,\overline{y}}{\sum\limits_{i=1}^{11}x_i^2-n\overline{x}^2}=0.3232$$

$$\hat{a}=\overline{y}-\hat{b}\overline{x}=4.3655$$

于是得到一元线性回归方程为$\hat{y}=4.3655+0.3232x$。另外,

$$F=\sum_{i=1}^{11}(\hat{y}_i-\overline{Y})^2\Big/\Big[\sum_i^{11}(Y_i-\hat{y}_i)^2/(7-2)\Big]\sim F(1,9)>F_{0.05}(1,9)$$

因而,线性相关关系显著。

自测试题

一、1.√; 2.×; 3.×; 4.√

二、1.B 2.C 3.C 4.C

三、1.$H_0:\mu_1=\mu_2=\cdots=\mu_4$ 2.$\overline{X}=\dfrac{1}{30}\sum\limits_{i=1}^{5}\sum\limits_{j=1}^{6}X_{ij}$

3.$\hat{a}=\overline{Y}-\hat{b}\overline{x}$,$\hat{b}=\dfrac{\sum\limits_{i=1}^{n}(x_i-\overline{x})(Y_i-\overline{Y})}{\sum\limits_{i=1}^{n}(x_i-\overline{x})^2}$

4.$\varepsilon\sim N(0,\sigma^2)$,除了$x$以外其他因素

四、$\hat{y}=5+3x$

五、(1)$\hat{y}=0.8579x-0.2895$;(2)线性相关关系显著。

模拟试题(一)

一、单项选择题

1.C (因为$\boldsymbol{B}=(a_1-a_2\quad a_2+a_3\quad a_1+a_3)=(a_1\quad a_2\quad a_3)\begin{pmatrix}1&0&1\\-1&1&0\\0&1&1\end{pmatrix}$

所以 $\det \boldsymbol{B} = \det \boldsymbol{A} = \begin{vmatrix} 1 & 0 & 1 \\ -1 & 1 & 0 \\ 0 & 1 & 1 \end{vmatrix} = 2 \cdot 0 = 0)$

2. C （因为行列式一次只能拆一行(列)，所以 $\det(\boldsymbol{A} - \boldsymbol{B}) \neq$ $\det \boldsymbol{A} - \det \boldsymbol{B}$).

3. A （因为 $\boldsymbol{Ax} = \boldsymbol{b}$ 有唯一解的充要条件是 $\operatorname{rank} \boldsymbol{A} = \operatorname{rank} \overline{\boldsymbol{A}} = n$，所以 $\boldsymbol{A}$ 的列向量组线性无关)。

4. A （因为 $P(A \mid B) = 0.5 = P(A)$，条件概率等于无条件概率，因而 A 与 B 独立。）

5. C （因为 X 的概率密度函数为 $p_X(x) = \begin{cases} 1, & 0 \leqslant x \leqslant 1 \\ 0, & \text{其他} \end{cases}$，而

$$X = Y - 1$$

因而

$$p_Y(y) = p_X(y-1) \times (y-1)' = \begin{cases} 1 \times 1, & 0 \leqslant y-1 \leqslant 1 \\ 0, & \text{其他} \end{cases} =$$

$$\begin{cases} 1, & 1 \leqslant y \leqslant 2 \\ 0, & \text{其他} \end{cases}。)$$

6. C 因为由矩估计的定义可得总体均值 μ 的矩估计为 $\overline{X} = \frac{1}{n} \sum_{i=1}^{n} X_i$。

二、填空题

7. $\frac{1}{5} \begin{pmatrix} 2 & 4 \\ 4 & 3 \end{pmatrix}$ （因为 $\boldsymbol{B}^{-1}) = \left(-\frac{1}{5}\right) \begin{pmatrix} 1 & -3 \\ -2 & 1 \end{pmatrix} = \frac{1}{5} \begin{pmatrix} -1 & 3 \\ 2 & -1 \end{pmatrix}$

所以 $\boldsymbol{AB}^{-1} = \begin{pmatrix} 2 & 2 \\ 2 & 3 \end{pmatrix} \cdot \frac{1}{5} \begin{pmatrix} -1 & 3 \\ 2 & -1 \end{pmatrix} = \frac{1}{5} \begin{pmatrix} 2 & 4 \\ 4 & 3 \end{pmatrix}$)

8. 0 （因为 $\begin{vmatrix} 1 & 2 & 3 \\ 2 & 1 & 0 \\ 1 & 1 & 1 \end{vmatrix}) = 1 + 6 - 3 - 4 = 0$)

9. $k = 4$ （因为 $\boldsymbol{AB} = 0, \boldsymbol{B} \neq 0$，所以 $\boldsymbol{Ax} = \boldsymbol{0}$ 有非零解，所以 $\det \boldsymbol{A} = 0$，故 $k = 4$)

10. $P(A - B) = 1/4$ （由于 $P(A - B) = P(A) - P(AB)$，又因当 A 与 B 互斥时，$P(AB) = 0$，因而 $P(A - B) = 1/4$,)

11. 无偏估计 （由无偏性定义得到）

12. $E(X) = 1.8($ 因为 $E(X) = -1 \times 0.1 + 0 \times 0.2 + 1 \times 0.3 + 5 \times$

$0.4 = 1.8$）

三、解答题

13.**解** $\begin{vmatrix} 1 & 2 & 3 & 4 \\ 2 & 1 & 0 & 0 \\ 3 & 0 & 1 & 0 \\ 4 & 0 & 0 & 1 \end{vmatrix} \xlongequal{C_1 - 2C_2 - 3C_3 - 4C_4} \begin{vmatrix} 1 - \sum\limits_{i=2}^{4} & 2 & 3 & 4 \\ 0 & 1 & & \\ 0 & & 1 & \\ 0 & & & 1 \end{vmatrix} = $

$$1 - (2^2 + 3^2 + 4^2) = -28$$

14.**解** $(A \vdots E) = \begin{pmatrix} 1 & 0 & 1 & 1 & 0 & 0 \\ 0 & 1 & 0 & 0 & 1 & 0 \\ 1 & -1 & -1 & 0 & 0 & 1 \end{pmatrix} \xrightarrow{行变换}$

$$\begin{pmatrix} 1 & 0 & 0 & \dfrac{1}{2} & \dfrac{1}{2} & \dfrac{1}{2} \\ 0 & 1 & 0 & 0 & 1 & 0 \\ 0 & 0 & 1 & \dfrac{1}{2} & -\dfrac{1}{2} & -\dfrac{1}{2} \end{pmatrix}$$

所以 $\qquad A^{-1} = \begin{pmatrix} \dfrac{1}{2} & \dfrac{1}{2} & \dfrac{1}{2} \\ 0 & 1 & 0 \\ \dfrac{1}{2} & -\dfrac{1}{2} & -\dfrac{1}{2} \end{pmatrix}$

15.**解** 构造矩阵

$$A = (\alpha_1^T \quad \alpha_2^T \quad \alpha_3^T) = \begin{pmatrix} 1 & 2 & 3 \\ 2 & 1 & 3 \\ 1 & 1 & 2 \\ 3 & 1 & 4 \end{pmatrix}$$

经初等行变换

$$A \rightarrow \begin{pmatrix} 1 & 2 & 3 \\ 0 & 1 & 1 \\ 0 & 0 & 0 \\ 0 & 0 & 0 \end{pmatrix}$$

所以 $\alpha_1 \alpha_2$ 是向量组的一个极大无关组。

16.**解** 设事件 A 为"4 位女生始终保持紧邻"，则样本空间包含的样本点总数为 8！，而 4 位女生始终保持紧邻等价于把 4 位女生看成一个整体，这样就

是 5 个人全排列 5!,而四个女生内部又可以自由排列为 4!,由此可以得到

$$P(A) = \frac{5! \times 4!}{8!} = \frac{1}{14}$$

17. 解   根据定义可知,均匀分布的密度函数为 $p(x) = \frac{1}{b-a}$,据此题意

$$p(x) = \frac{1}{110-90} = \frac{1}{20}$$

X 取值于区间 $(92.5, 107.5)$ 内的概率为

$$P(92.5 \leqslant X \leqslant 107.5) = \int_{92.5}^{107.5} p(x)\mathrm{d}x = \int_{92.5}^{107.5} \frac{1}{20}\mathrm{d}x = \frac{15}{20} = \frac{2}{3}$$

18. 解   首先计算随机变量 X 的分布律,X 表示被取 3 球上的点数和,因而 X 可能情形包含多种,分别为 3 个 1、2 个 1 和 1 个 2、2 个 1 和 1 个 3、1 个 1 和 2 个 2、1 个 1 和 1 个 2 以及 1 个 3、2 个 2 和 1 个 3,下面罗列出其对应的概率为

X	3	4	5	5	6	7
P	$\dfrac{C_3^3}{C_6^3}$	$\dfrac{C_3^2 C_2^1}{C_6^3}$	$\dfrac{C_3^2 C_1^1}{C_6^3}$	$\dfrac{C_2^2 C_3^1}{C_6^3}$	$\dfrac{C_3^1 C_2^1 C_1^1}{C_6^3}$	$\dfrac{C_2^2 C_1^1}{C_6^3}$
X	3	4	5	5	6	7
P	$\dfrac{1}{20}$	$\dfrac{6}{20}$	$\dfrac{3}{20}$	$\dfrac{3}{20}$	$\dfrac{6}{20}$	$\dfrac{1}{20}$

由此可得

$$E(X) = \frac{1 \times 3 + 4 \times 6 + 5 \times 3 + 5 \times 3 + 6 \times 6 + 7 \times 1}{20} = \frac{16}{5}$$

$$E(X^2) = \frac{9 \times 1 + 16 \times 6 + 25 \times 3 + 25 \times 3 + 36 \times 6 + 49 \times 1}{20} = \frac{520}{20} = 26$$

$$D(X) = E(X^2) - E^2(X) = 26 - \left(\frac{16}{5}\right)^2 = 16.8$$

19. 解   根据题意,可得似然函数为

$$L(X, \theta) = \theta^{\frac{n}{2}} (x_1 x_2 \cdots x_n)^{\sqrt{\theta}-1}$$

取对数

$$\ln L(X, \theta) = \frac{n}{2} \ln \theta + (\sqrt{\theta} - 1) \sum_{i=1}^{n} \ln x_i$$

求导 $\dfrac{\mathrm{d}\ln L(X, \theta)}{\mathrm{d}\theta} = \dfrac{n}{2\theta} + \dfrac{1}{2\sqrt{\theta}} \sum_{i=1}^{n} \ln x_i = 0$,求解得

$$\widehat{\theta}=\left(\frac{n}{\sum\limits_{i=1}^{n}\ln x_i}\right)^2,则\ \theta\ 的最大似然估计为\ \widehat{\theta}=\left(\frac{n}{\sum\limits_{i=1}^{n}\ln X_i}\right)^2。$$

四、综合题

20. **解** 增广矩阵

$$\overline{A}=\begin{bmatrix}1 & 2 & 3 & 1\\ 2 & 4 & 6 & a\\ 3 & 6 & 9 & 3\end{bmatrix}\xrightarrow{\text{行变换}}\begin{bmatrix}1 & 2 & 3 & 1\\ 0 & 0 & 0 & a-2\\ 0 & 0 & 0 & 0\end{bmatrix}$$

当 $a=2$ 时，$\mathrm{rank}A=\mathrm{rank}\hat{A}=1<3$，故当 $a=2$ 时方程组有无穷多解，当 $a\neq 2$ 时 $\mathrm{rank}A=\mathrm{rank}\hat{A}$ 方程组无解。

当 $a=2$ 时，由

$$\overline{A}=\begin{bmatrix}1 & 2 & 3 & 1\\ 2 & 4 & 6 & 2\\ 3 & 6 & 9 & 3\end{bmatrix}\rightarrow\begin{bmatrix}1 & 2 & 3 & 1\\ 0 & 0 & 0 & 0\\ 0 & 0 & 0 & 0\end{bmatrix}$$

得
$$\begin{cases}x_1=1-2x_2-3x_3\\ x_2=\qquad x_2\\ x_3=\qquad\qquad x_3\end{cases}$$

所以通解为 $x=(1,0,0)^\mathrm{T}+k_1(-2,1,0)^\mathrm{T}+k_2(-3,0,1)^\mathrm{T}$ k_1,k_2 为任意数。

21. **解** （1）根据概率密度函数性质可知

$$\int_{-\infty}^{+\infty}p(x)=\int_0^1 cx^2=\frac{cx^3}{3}\Big|_0^1=\frac{c}{3}=1$$

由此可得
$$c=3$$

（2）由于 $P\{X>a\}=\int_a^1 3x^2=1-a^3$；$P\{X\leqslant a\}=\int_0^a 3x^2=a^3$，如果

$$P\{X>a\}=P\{X<a\}$$

则 $1-a^3=a^3$，由此可得 $a=\dfrac{\sqrt[3]{4}}{2}$。

模拟试题（二）

一、单项选择题

1. A （因为 $\det(3A)^{-1}=3^3\det(A^{-1})=\dfrac{27}{2}$）

2. C （因为 $A^2=0$ 所以 $\det A=0$，故 A 非满秩矩阵）

3. A. （因为

$$(\alpha_1 - \alpha_2) + (\alpha_2 - \alpha_3) + (\alpha_3 - \alpha_3) = 0$$

所以 $\alpha_1 - \alpha_2$　$\alpha_2 - \alpha_3$　$\alpha_3 - \alpha_1$ 线性相关）

4. B （因为事件 B 包含了 A，因而 A 发生，B 必发生，也就是 B 不发生，A 必不发生。）

5. C （因为 $E\left(\frac{1}{4}X_1 + \frac{3}{4}X_2\right) = \frac{1}{4}EX_1 + \frac{3}{4}EX_2 = \frac{1}{4}\mu + \frac{3}{4}\mu = \mu$，因而是无偏估计。）

6. C （因为 $P\{X = x\} \leqslant F(x) = \sum_{y \leqslant x} P(X = y)$。）

二、填空题

7. 3 （因为 $\begin{vmatrix} 2 & 1 & 1 \\ 3 & 2 & 1 \\ 0 & 1 & 2 \end{vmatrix} = 8 + 3 - 6 - 2 = 3$。）

8. $\begin{pmatrix} -4 & 7 \\ 3 & 8 \end{pmatrix}$ （因为 $\boldsymbol{B}^{-1} = -\frac{1}{2}\begin{pmatrix} 10 & -4 \\ -3 & 1 \end{pmatrix} = \frac{1}{2}\begin{pmatrix} -10 & 4 \\ 3 & -1 \end{pmatrix}$，所以 $3A +$

$2B^{-1} = \begin{pmatrix} 6 & 3 \\ 0 & 9 \end{pmatrix} + \begin{pmatrix} -10 & 4 \\ 3 & -1 \end{pmatrix} = \begin{pmatrix} -4 & 7 \\ 3 & 8 \end{pmatrix}$）

9. $\mathrm{rank}\boldsymbol{A} < n$

10. $P(A+B) = \frac{7}{15}$ （因 A 与 B 相互独立时，$P(AB) = P(A)P(B) = \frac{1}{15}$，

又因 $P(A+B) = P(A) + P(B) - P(AB) = \frac{7}{15}$）

11. $E(X(X+Y-2)) = 1$ （因为

$E(X(X+Y-2)) = EX^2 + EXY - 2EX = DX + E^2X + EXEY - 2EX = 1$）

12. $P(A) = \frac{1}{15}$ （因为 $P(A) = \frac{3! \times 8!}{10!} = \frac{1}{15}$）

三、解答题：

13. **解**　因为 $\boldsymbol{A} \rightarrow \begin{bmatrix} 1 & 2 & 3 & 1 \\ 0 & 1 & -2 & 0 \\ 0 & 0 & -8 & -2 \end{bmatrix}$，所以 $\mathrm{rank}\boldsymbol{A} = 3$

14. **解**　因为 $AA^* = (\det A)E$

所以 $\det A \det A^* = (\det A)^3$　$\det A^* = (\det A)^2$

因为 $\qquad \det A^* = \begin{vmatrix} 1 & 2 & 1 \\ 0 & 1 & 3 \\ 1 & 1 & 2 \end{vmatrix} = 2 + 6 - 1 - 3 = 4$

所以 $\det A = \pm 2$

15. **解** 因为 $\beta = k_1 \alpha_1 + k_2 \alpha_2 + k_3 \alpha_3$

所以 $\qquad \begin{cases} k_1 + k_2 + k_3 = -1 \\ \qquad k_2 + k_3 = 1 \\ \qquad\qquad k_3 = 0 \end{cases}$

故 $k_1 = -2$，$k_2 = 1$，$k_3 = 0$。

16. **解** 设事件 A 为"恰好 2 张同一色"，则样本空间包含的样本点总数为 52 张中任取 2 张为 C_{52}^2，而恰好 2 张同一色等价于都是红色或都是黑色，其个数为 $C_{26}^2 + C_{26}^2$，由此可以得到 $P(A) = \dfrac{2C_{26}^2}{C_{52}^2} = \dfrac{25}{51}$。

17. **解** 根据题意，到达港口的船数目服从泊松分布，也就是

$$P\{X = k\} = \frac{\lambda^k}{k!} e^{-\lambda} \overset{\lambda=1}{=\!=} \frac{1}{k!} e^{-1} = \frac{e^{-1}}{k!}$$

而一天中必须有船转走等价于到达港口的船只数大于 4，其概率为

$$P\{X > 4\} = 1 - P\{X \leqslant 4\} = 1 - \sum_{k=0}^{4} \frac{e^{-1}}{k!} =$$

$$1 - e^{-1}\left(1 + \frac{1}{1!} + \frac{1}{2!} + \frac{1}{3!} + \frac{1}{4!}\right) = 1 - \frac{65}{24e}$$

18. **解** 根据题意可得

$$E(X) = \int_{-\infty}^{+\infty} x p(x) \,\mathrm{d}x = \int_0^1 \frac{6}{5} x^2 (1 - x) \,\mathrm{d}x = \frac{6}{5}\left(\frac{x^3}{3} - \frac{x^4}{4}\right)\Big|_0^1 = \frac{1}{10}$$

$$E(X^2) = \int_{-\infty}^{+\infty} x^2 p(x) \,\mathrm{d}x = \int_0^1 \frac{6}{5} x^3 (1 - x) \,\mathrm{d}x = \frac{6}{5}\left(\frac{x^4}{4} - \frac{x^5}{5}\right)\Big|_0^1 = \frac{3}{50}$$

$$D(X) = E(X^2) - E^2(X) = \frac{3}{50} - \left(\frac{1}{10}\right)^2 = \frac{1}{20}$$

$$P\{\alpha - 2\beta < X < \alpha + 2\beta\} = P\left\{0 < X < \frac{1}{5}\right\} = \int_0^{\frac{1}{5}} \frac{6}{5} x(1 - x) \,\mathrm{d}x =$$

$$\frac{6}{5}\left(\frac{x}{2} - \frac{x^3}{3}\right)\Big|_0^{\frac{1}{5}} = 0.1168$$

19. **解** 首先计算矩 $E(|X|)$

$$E(|X|) = \int_{-\infty}^{+\infty} |x| \, p(x) \,\mathrm{d}x = \int_{-\infty}^{+\infty} |x| \frac{1}{2\theta} e^{-|x|/\theta} \,\mathrm{d}x = 2 \int_0^{+\infty} x \frac{1}{2\theta} e^{-x/\theta} \,\mathrm{d}x =$$

$$-\int_0^{+\infty} x\, \mathrm{d}e^{-x/\theta} = -xe^{-x/\theta}\big|_0^{+\infty} + \int_0^{+\infty} e^{-x/\theta}\,\mathrm{d}x = \int_0^{+\infty} e^{-x/\theta}\,\mathrm{d}x =$$
$$-\theta \times e^{-x/\theta}\big|_0^{+\infty} = \theta$$

根据矩估计的原理可得 $E(|X|) = \dfrac{1}{n}\sum_{i=1}^{n} |X|_i$，也就是 $\widehat{\theta} = \dfrac{1}{n}\sum_{i=1}^{n} |X|_i$，

因而 θ 的矩估计为 $\widehat{\theta} = \dfrac{1}{n}\sum_{i=1}^{n} |X|_i$。

四、综合题

20. 解 因为方程组的增广矩阵为

$$\overline{A} = \begin{pmatrix} 1 & 1 & 1 & 1 \\ 1 & 2 & 1 & 1 \\ 1 & 1 & -1 & 1 \end{pmatrix} \rightarrow \begin{pmatrix} 1 & 1 & 1 & 1 & 1 \\ 0 & 1 & 0 & 0 & 1 \\ 0 & 0 & -2 & 0 & a-1 \end{pmatrix}$$

a 为任何数值，$\operatorname{rank}A = \operatorname{rank}\hat{A} = 3 < 4$，有无穷多解。所以由上式得

$$\overline{A} \rightarrow \begin{pmatrix} 1 & 0 & 0 & 1 & \dfrac{a-1}{2} \\ 0 & 1 & 0 & 0 & 1 \\ 0 & 0 & 1 & 0 & \dfrac{1-a}{2} \end{pmatrix}, \text{故} \begin{cases} x_1 = \dfrac{a-1}{2} - x_4 \\ x_2 = 10 \\ x_3 = \dfrac{1-a}{2} \\ x_4 = x_4 \end{cases}$$

所以通解 $x = \left(\dfrac{a-1}{2}, 1, \dfrac{1-a}{2}, 0\right)^{\mathrm{T}} + k(-1,0,0,1)^{\mathrm{T}}$ (k 任意)。

21. 解 (1) 根据随机变量 X 分布函数的性质可知

$$\lim_{x \to 0-0} F(x) = F(0) \Rightarrow 0 = b, \quad \lim_{x \to \pi-0} F(x) = F(\pi) \Rightarrow a\pi + b = 1 \Rightarrow a = \dfrac{1}{\pi}$$

(2) 因为 $p(x) = (F(x))' = \begin{cases} \dfrac{1}{\pi}, & 0 \leqslant x \leqslant \pi \\ 0, & \text{其他} \end{cases}$。若 $Y = X^2$，则 $E(Y) =$

$\displaystyle\int_0^\pi x^2 \times \dfrac{1}{\pi}\,\mathrm{d}x = \dfrac{\pi^2}{3}$。